FORSCHUNGSERGEBNISSE
DES VERKEHRSWISSENSCHAFTLICHEN INSTITUTS FÜR LUFTFAHRT
AN DER TECHNISCHEN HOCHSCHULE STUTTGART
HERAUSGEGEBEN VON PROF. DR.-ING. CARL PIRATH
HEFT 8

Der SCHNELLVERKEHR in der Luft

und seine Stellung im neuzeitlichen Verkehrswesen

Mit 31 Abbildungen im Text

BERLIN 1935
VERKEHRSWISSENSCHAFTLICHE LEHRMITTELGESELLSCHAFT M. B. H.
BEI DER DEUTSCHEN REICHSBAHN

ISBN-13:978-3-540-01206-1
DOI: 10.1007/978-3-642-94544-1

e-ISBN-13:978-3-642-94544-1

Softcover reprint of the hardcover 1st edition 1935

VERLAGSARCHIV 293

Vorwort

In Heft 3 der „Forschungsergebnisse" wurde in einer besonderen Abhandlung der wirtschaftliche Wert von Ersparnissen am Flugzeugleergewicht in betriebs- und verkehrstechnischer Hinsicht von Dr. Wertenson untersucht. Schon damals gesellte sich zu dieser Untersuchung gleichsam als Gegenfrage das Problem des Einflusses der Geschwindigkeitssteigerung auf die Wirtschaftlichkeit im Luftverkehr, denn jede Geschwindigkeitssteigerung verlangt im allgemeinen höhere Leistungen der Triebkraftanlage und in der Regel größere Festigkeit der Fahrzeugkonstruktion. Beides führt dann in der Regel zu einer Erhöhung des Flugzeugleergewichts bei gleichbleibender Nutzladefähigkeit des Flugzeuges und zur Steigerung der Selbstkosten.

Der Lösung dieses Problems konnte jedoch seinerzeit noch nicht nähergetreten werden, da die technisch in der Konstruktion der Flugzeuge und Motore beruhenden Voraussetzungen für eine wesentliche Steigerung der Fluggeschwindigkeit noch nicht gegeben waren. Die Vereinigten Staaten von Amerika brachten erst im Jahre 1930 das erste Flugzeug, das als Schnellverkehrsflugzeug angesprochen werden konnte, in Gestalt der „Lockheed Vega" heraus. Seitdem ist die Entwicklung in der Konstruktion und in dem betrieblichen Einsatz von Schnellflugzeugen in starkem Maße fortgeschritten. Umfassende praktische Betriebserfahrungen in den Vereinigten Staaten von Amerika und neuerdings in Europa gestatten heute eine verkehrswissenschaftliche Untersuchung über die technischen, betrieblichen und wirtschaftlichen Grundlagen des Schnellverkehrs in der Luft. Das Institut fühlt sich innerlich zu einer derartigen Untersuchung um so mehr verpflichtet, als es bisher auf Grund seiner mehr theoretischen verkehrswirtschaftlichen Untersuchungen immer wieder darauf hingewiesen hat, daß der Luftverkehr nur in einer wesentlichen Erhöhung der Reisegeschwindigkeiten ganz allgemein seine wirtschaftliche Berechtigung finden kann. Lage und Stand des heutigen Schnellverkehrs in der Luft bieten Gelegenheit zur Nachprüfung dieser Schlußfolgerung.

Das vorliegende Heft 8 ist daher dem Schnellverkehr in der Luft gewidmet, jedoch nicht als Sondererscheinung für sich, sondern im Rahmen des großen verkehrstechnischen Geschehens der letzten Jahre, das charakterisiert ist durch fast ungeahnte Fortschritte in der Schnelligkeit der Ortsveränderung bei fast allen Verkehrsmitteln. Sinn und Ziel des Schnellverkehrs in der Luft, seine technischen, betrieblichen und wirtschaftlichen Voraussetzungen werden behandelt und zu Grundlagen für die zweckmäßigste Entwicklung des Schnellverkehrs in der Luft ausgebaut.

Stuttgart, im Januar 1935 **Carl Pirath**

Inhaltsverzeichnis

Die allgemeinen Grundlagen des Schnellverkehrs in der Luft

Von Prof. Dr.-Ing. Carl Pirath

Betriebs- und verkehrswirtschaftliche Untersuchungen über den Schnellverkehr in der Luft

Von Dr.-Ing. Herbert Zöllner

Die allgemeinen Grundlagen des Schnellverkehrs in der Luft

Von Prof. Dr.-Ing. Carl Pirath

I. Einführung

Die heutige Lage des Luftverkehrs in den Ländern, die seit 8—10 Jahren versuchen, das Luftfahrzeug für Verkehrszwecke in steigendem Maße einzusetzen, wird durch nichts stärker charakterisiert als durch den positiven Fortschritt in der Steigerung der Geschwindigkeit der Verkehrsflugzeuge und damit auch in der Beschleunigung des Transports auf dem Luftweg. Fast zu gleicher Zeit, in der sich diese Wandlung zum Schnellverkehr in der Luft vollzieht, beginnen die Eisenbahnen und Kraftwagen mit zunehmendem Erfolg ihre Transporte erheblich zu beschleunigen. Damit ist der Schnellverkehr nicht mehr allein eine eigene Angelegenheit des Luftverkehrs, sondern er beherrscht in stärkstem Maße das Wollen und Streben im gesamten Verkehrswesen.

Es ist müßig zu untersuchen, welches Verkehrsmittel und welches Land zuerst diesen Wettlauf um die kürzeste Reisezeit eingeleitet und damit eine Bewegung in das gesamte Verkehrswesen gebracht hat, wie sie nur einmal zu Beginn der Eisenbahnzeit festzustellen war. Tatsache ist, daß der Luftverkehr den Landverkehrsmitteln auch im neuen Schnellverkehr noch weit vorauseilt, und daß das Land stärkster Verkehrsunruhe und größter Verkehrsfortschritte, die Vereinigten Staaten von Amerika, den Anstoß zu dieser Entwicklung vor allem im Luftverkehr gegeben hat. Das berechtigt erstens dazu, im Schnellverkehr in der Luft den Schrittmacher im Schnellverkehr überhaupt zu sehen und seine Grundlagen als Beurteilungsmaßstab für den Schnellverkehr zu Lande zu wählen. Zweitens aber wird die Klärung wichtig sein, welchen besonderen Voraussetzungen des Raums und seiner Lebensfülle die Entwicklung des Schnellverkehrs unterworfen sein wird. Europa und die Vereinigten Staaten von Amerika sind als die wirtschaftlich und verkehrlich am besten erschlossenen Gebiete der Erde die Träger dieser Entwicklung geworden. Die Mittel und Wege, die sie dabei anwenden und der Erfolg, der ihnen beschieden sein wird, werden auch maßgebend für die übrigen Erdteile sein.

Es mag auffallend erscheinen, daß die Vereinigten Staaten von Amerika, trotzdem sie wesentlich später den Luftverkehr in ihrem Land aufgezogen haben als die europäischen Länder, praktisch die Pioniere im Schnelluftverkehr gewesen sind. Die Erklärung liegt wohl in erster Linie darin, daß das politische Schachbrett Europas dem europäischen Raum und den darin vorhandenen Menschen die Initiative zu großzügigen Fortschritten in der Raumüberwindung mehr oder weniger genommen hat. Zweifellos hat die große politische Einheit der Vereinigten Staaten von Amerika der Einrichtung des Schnellverkehrs auf den großen Kontinentalverbindungen einen besonderen Anreiz gegeben.

Wenn nun auch Europa beginnt, in dem Aufbau von Schnellverkehrsstrecken eine größere Aktivität in den letzten Jahren zu entfalten, so ist es zunächst bemerkenswert, daß gerade in den Zeiten schwierigster wirtschaftlicher Lage aller europäischen Länder besonders große finanzielle Aufwendungen gemacht worden sind, um den Schnellverkehr in der Luft durch Entwicklung und Einsatz von Schnellflugzeugen zu fördern. Das dürfte in erster Linie darauf zurückzuführen sein, daß gerade die Wirtschafts- und Verkehrskrise der letzten Jahre den Luftverkehrsunternehmungen besonders klar vor Augen gestellt hat, wie wenig der bisherige Luftverkehr in Europa mit seinen verhältnismäßig geringen Fluggeschwindigkeiten den eigentlichen Vorzügen, die der Luftverkehr der Allgemeinheit bieten kann, gerecht wird. Die Luftverkehrsunternehmungen mußten endlich in der Not der Zeit nach neuen Wegen suchen, auf die sie die Luftverkehrswissenschaft und auch Männer der Praxis schon längst als wichtigstes Mittel zur Gesundung des Luftverkehrs hingewiesen hatten. Das war der Weg der Ausschöpfung höchster Geschwindigkeiten im Wettbewerb mit den anderen Verkehrsmitteln.

Heute vollzieht sich ein höchst interessantes Zusammenspiel friedlichen Wettbewerbs zwischen den Entwicklungszentren des Luftverkehrs, Europa und den Vereinigten Staaten von Amerika, das eine Parallele in der Entwicklung des Kraftwagenverkehrs in beiden Gebieten findet. Die Vereinigten Staaten von Amerika haben es auf Grund der besonders gelagerten Struktur der Besiedelung und der verkehrsmäßigen Erschließung ihres Landes sowie dank ihrer großen volkswirtschaftlichen Einheit verstanden, den Kraftwagen in weitem Vorsprung vor den europäischen Ländern für Verkehrszwecke nutzbar zu machen. In ähnlicher Weise führten die besonderen natürlichen Gegebenheiten des amerikanischen Kontinents, vor allem die raumweiten Beziehungen der verschiedenen Bundesstaaten der Union, die große politische Einheit und die Leistungsfähigkeit der Luftfahrtindustrie in selten kurzer Zeitspanne zum zweckmäßigsten Einsatz des Flugzeugs für die Bedürfnisse des Verkehrs. Und ebenso wie die europäischen Länder bei dem Aufbau des Kraftverkehrs immer wieder auf die Möglichkeiten im Kraftverkehrswesen der Vereinigten Staaten von Amerika hinwiesen, ist heute Europa geneigt, die gewaltigen Fortschritte der Vereinigten Staaten von Amerika im Bau von Schnellflugzeugen und ihrer verkehrsmäßigen Verwendung anzuerkennen und für sich nutzbar zu machen.

Bei diesem Ausgleichsspiel verkehrswirtschaftlicher Ideen und Fortschritte zwischen Europa und den Vereinigten Staaten von Amerika besteht naturgemäß die Gefahr einseitiger Übernahme amerikanischer Erfahrungen und Erfolgsmöglichkeiten auf europäische Verhältnisse, trotzdem die politischen, kulturellen und wirtschaftlichen Grundlagen in beiden Gebieten vielfach verschieden sind.

Wie vorsichtig Europa als der vorwiegend nehmende Teil hierbei vorgehen muß, zeigt der Vergleich zwischen der Entwicklung des Kraftwagenverkehrs in den Vereinigten Staaten von Amerika und Europa. Es herrschte eine Zeitlang in interessierten Kreisen europäischer Länder die Ansicht vor, daß die Intensität des Kraftwagenverkehrs in den Vereinigten Staaten von Amerika Maßstab und Ziel für den europäischen Kraftwagenverkehr zu sein habe, und daß daher die Kraftwagenproduktion sich auf dieses Ziel einzustellen habe. Heute ist es auf Grund zum Teil bitterer Erfahrungen Allgemeingut in Europa geworden, daß in den Vereinigten Staaten von Amerika vielfach ganz andere verkehrswirtschaftliche, psychologische und allgemeinwirtschaftliche Voraussetzungen für die Verwendung des Kraftwagens maßgebend sind als in Europa, und daß daher für den europäischen Kraftwagenverkehr eigene und zum Teil andere Wege der Entwicklung gegangen werden müssen.

Das Beispiel der verschieden gelagerten Voraussetzungen für den Kraftwagenverkehr in Europa und den Vereinigten Staaten von Amerika verpflichtet zu wissenschaftlicher Untersuchung der Grundlagen und Voraussetzungen für einen Schnellverkehr in der Luft, wie er heute nach amerikanischem Muster in Europa aufgezogen wird. Zwar kann bei dieser gegenseitigen Befruchtung der beiden Erdteile zur Förderung des Luftverkehrs im Gegensatz zum Kraftwagenverkehr die konkret am schwierigsten erfaßbare psychologische Komponente, die bei dem individuellen Einsatz des Kraftwagens eine so große Rolle spielt, nahezu ausgeschaltet werden, da der Luftverkehr wegen seiner hohen Anlage- und Betriebskosten sowie mit Rücksicht auf seinen zweckmäßigsten Einsatz in weiten Verkehrsbeziehungen in erster Linie von Luftverkehrsunternehmungen und weniger von den Verkehrsinteressenten selbst aufzuziehen ist. Besonders dieser Umstand erleichtert die sinnvolle Anwendung amerikanischer Methoden auf europäische Verhältnisse und schließt wichtige Gefahren einer falschen Nutzanwendung von in Amerika gemachten Erfahrungen von vornherein aus. Es ist weiterhin festzustellen, daß ähnlich wie in Europa auch in den Vereinigten Staaten von Amerika die Entwicklung des Schnellverkehrs auf Eisenbahnen die Beurteilung des Schnellverkehrs in der Luft in engste Beziehung zu den übrigen im gleichen Verkehrsgebiet tätigen Verkehrsmitteln bringt. In diesem, jede isolierte Untersuchung des Schnellverkehrs in der Luft ausschließenden Punkte sind die beiden Erdteile in nahezu gleicher Weise den noch nicht ganz übersehbaren Fortschritten in der Verkehrstechnik auf Eisenbahnen und Straßen unterworfen.

Trotzdem bleiben noch genügend Unterschiede in der Art und Größe der Verkehrsbedürfnisse, in der politischen Einheit, der Freiheit des Luftraums und nicht zuletzt in der Einheitlichkeit des Willens zum Erfolg für Europa im Vergleich zu den Vereinigten Staaten von Amerika bestehen. Eine Klärung dieser Unterschiede zur richtigen Wahl der für Europa zweckmäßigsten Mittel und Wege zur Entwicklung des Luftverkehrs und speziell des Schnellverkehrs in der Luft ist daher besonders angezeigt.

Wenn nun auch diese Untersuchung mehr oder weniger große Unterschiede in den Mitteln und Wegen für einen wirtschaftlichen Luftverkehr für Europa und die Vereinigten Staaten von Amerika ergeben mag, so kann andererseits in dem Ziel, das beide Gebiete verfolgen müssen, volle Einheitlichkeit angenommen werden. Dieses Ziel liegt in dem unveränderlichen Grundsatz, daß der Enderfolg eines allgemeinen Luftverkehrs in der Verbindung der Erdteile durch ein leistungsfähiges Luftliniennetz liegt, zu dem die kontinentalen Luftliniennetze Zubringer und Verteiler sein müssen. Es liegt durchaus im Sinn dieser umfassendsten Aufgabe eines allmählich aufzubauenden Luftliniennetzes, wenn die kontinentalen Linien unter dem Gesichtspunkt betrieben werden, daß ihre Zubringer- und Verteilungsarbeit den Zeitgewinn auf den großen Transkontinental- und Transozeanlinien in höchstem Maße durch Einrichtung des Schnellverkehrs unterstützt. Dieses letztere Ziel zu erreichen, noch bevor die verkehrsmäßige Verbindung der Erdteile auf dem Luftwege über Ozeane Wirklichkeit geworden ist, bedeutet eine organische Entwicklung, für die alle Kräfte eingesetzt werden sollten.

Es ist dabei zunächst gleichgültig, ob das Luftschiff oder das Flugzeug diese Verbindung über die Ozeane zwischen den Erdteilen herstellt. Je eher eine dieser beiden Luftfahrzeugarten sie praktisch und regelmäßig darbieten kann, um so besser ist es für den Weltluftverkehr insgesamt, denn es wird ebensowenig wie im kontinentalen Luftverkehrsnetz auch im Weltluftverkehrsnetz im ersten Anlauf ein Verkehrszustand erreicht werden können, der als endgültig und ideal anzusprechen wäre. Die technische und betriebliche Entwicklung wird hierin neben dem verkehrswirtschaftlichen Wert des Luftverkehrs mittels Luftschiffen und Flugzeugen mit der Zeit entscheidend werden. Werden nun die Reisegeschwindigkeiten im Luftverkehr grundsätzlich in Abhängigkeit von den im gleichen Raum von anderen Verkehrsmitteln gebotenen höchsten Reisegeschwindigkeiten gebracht und untersucht, so wird sich zeitlich und räumlich der zweckmäßigste Einsatz des Luftschiffs oder des Flugzeugs nach dem Stande der Entwicklung und nach ihrem Verkehrswert im Weltluftliniennetz ergeben.

So zeichnet sich das Problem unserer Untersuchung ab als notwendige Vorarbeit, die nach dem Stand der heutigen Entwicklung für sich behandelt werden kann, ohne Gefahr zu laufen, auf Seitenwegen zu gehen, die vom großen Endziel des Weltluftverkehrs ablenken oder mit ihm nicht übereinstimmen. Ergibt sich für den Schnellverkehr auf kontinentalen Linien bereits eine Verbesserung der Wirtschaftlichkeit gegenüber dem bisherigen langsamen Verkehr, so ist er erstens in sich gerechtfertigt und zweitens gewinnt er an Bedeutung für seine Aufgabe im Rahmen des Weltluftverkehrs.

Die Untersuchung muß sich erstrecken auf eine allgemeine Betrachtung des Schnellverkehrs in der Luft im Rahmen des gesamten Verkehrswesens in Europa und den Vereinigten Staaten von Amerika. Daran ist anzuschließen eine spezielle Analyse der betriebs- und verkehrswirtschaftlichen Eigenarten des Schnellverkehrs in der Luft gegenüber dem bisherigen langsamen Luftverkehr. Gegenstand der allgemeinen Untersuchung sind die nachfolgenden Darlegungen, während die spezielle Untersuchung in einer zweiten Abhandlung dieses Heftes enthalten ist.

Zur Beurteilung der allgemeinen Grundlagen des Schnellverkehrs in der Luft im Rahmen des gesamten Verkehrswesens soll eingegangen werden auf die Motive allgemeiner und spezieller Art für den Schnellverkehr in der Luft, die technischen, betrieblichen und organisatorischen Voraussetzungen und den wirtschaftlichen Vergleich zwischen dem Schnellverkehr in der Luft und dem Schnellverkehr anderer mit ihm in Wettbewerb stehender Verkehrsmittel.

II. Die Motive allgemeiner Art für den Schnellverkehr in der Luft

Hierzu wird es zunächst nötig sein, den Begriff des Schnellverkehrs festzulegen. Der Schnellverkehr ist ein relativer Begriff und setzt stets eine Steigerung der Reisegeschwindigkeit gegenüber der bisher üblichen und möglichen Reisegeschwindigkeit eines Verkehrsmittels voraus. Die Reisegeschwindigkeit wird ermittelt aus der Länge des Reisewegs und der gesamten Reisezeit, die sich aus der Fahr- oder Flugzeit und den Aufenthalten auf den Betriebsstationen oder Flughäfen zusammensetzt. Die Steigerung der Reisegeschwindigkeit erfolgt neben dem Ausfall oder der Abkürzung von Aufenthalten in erster Linie durch Erhöhung der Fahr- oder Fluggeschwindigkeit. Das Maß dieser Steigerung kann mehr oder weniger groß sein. Je größer es aber ist, um so berechtigter ist es, vom Schnellverkehr zu sprechen. Er kann sich räumlich auf nahe und weite Entfernungen erstrecken. Da vom Zusammenspiel des Schnellverkehrs in der Luft mit den übrigen Verkehrsmitteln die Rede sein soll, so kommt nur die Steigerung der Reisegeschwindigkeit auf weite Entfernungen in Frage.

Die heutige Zeit hat in diesem Steigerungsprozeß Rekorde aufgestellt, wie sie seit Jahrzehnten nicht vorhanden gewesen sind. Dabei soll hier nicht etwa von den bei Rennen erzielten Geschwindigkeiten gesprochen werden, sondern nur von den Reisegeschwindigkeiten, die im praktischen Verkehrsbetrieb heute auf planmäßigen Verkehrslinien des Land-, Luft- und Wasserverkehrs erreicht worden sind. Innerhalb weniger Jahre konnte auf einigen Eisenbahnhauptstrecken die Reisegeschwindigkeit von 80 km/h auf 120 km/h, also um 50% gesteigert werden. Die Kraftfahrzeuge beginnen, über den Weg der Reichsautobahnen ihre Reisegeschwindigkeit von 60 km/h auf 120 km/h, also um 100% zu erhöhen. Im Luftverkehr war es möglich, in den letzten Jahren von 160 km/h auf 290 km/h Reisegeschwindigkeit, also zu einer Steigerung von 80% zu gelangen. Der Vorsprung ist ganz gewaltig. Es ist, als ob sich fast alle Verkehrsmittel in der Steigerung ihrer Reisegeschwindigkeiten gegenseitig überbieten wollten.

Technisch wurde diese Entwicklung möglich durch den Bau schnell laufender Motoren und durch zweckmäßige Ausbildung von Weg und Fahrzeugen für den Schnellverkehr. Da die Motoren die erste Voraussetzung für diesen Fortschritt waren, können wir von einem Zeitalter der Motorisierung sprechen. Ob diese Entwicklung sinnvoll und notwendig im menschlichen Gesellschaftsleben ist, dazu wäre zunächst an dieser Stelle allgemein und grundsätzlich Stellung zu nehmen.

Die Motive zur Steigerung der Reisegeschwindigkeit und damit zur Beschleunigung in der Ortsveränderung sind psychologischer, politischer und wirtschaftlicher Art. In psychologischer Hinsicht entsprechen sie ganz allgemein dem faustischen Drang nach Überwindung des Raums. Insbesondere den abendländischen Menschen beherrscht eine starke Feindseligkeit gegen die räumliche Trennung und die zeitliche Entfernung. Diese im Gefühlsleben liegenden Motive und Bestrebungen zur möglichst schnellen Überwindung der räumlichen Entfernungen sind die Triebkräfte für die immer weitergehenden Steigerungen der Geschwindigkeiten bei Verkehrsmitteln gewesen. Sie beherrschen auch heute noch wie vor Jahrhunderten und Jahrtausenden die Lage und den Sinn des Verkehrswesens überhaupt.

So ist auch der Schnellverkehr von heute nichts aus sich allein Gewordenes. Er knüpft an Vorhandenes an. Als Idee hat er die gewaltigen praktischen Leistungen im Verkehrswesen hervorgebracht, wie sie in der Vergangenheit von den Eisenbahnen und der Überseeschiffahrt und zuletzt von Kraftwagen und Flugzeugen geboten wurden. Diese Idee ist heute noch in gleicher Weise lebendig. Sie übt ihre metaphysische geheimnisvolle Wirkung auf das menschliche Streben aus und verleiht ihm neuen Schwung zur Tat und zu schöpferischer Arbeit im Dienste ihrer Verwirklichung.

Die Menschen, die besonders charakteristische Perioden beschleunigter Raumüberwindung erleben konnten, haben sich andererseits immer wieder die Frage vorgelegt, ob diese Entwicklung nicht auf Kosten anderer, den Menschen angehender Dinge, etwa sein Seelenleben, sich vollzieht und ihn weniger empfänglich macht für das tiefere Werden der Kultur. Eine Nivellierung des Raums, seiner Entfernungen und Eigenarten, wie sie ein schneller und bequemer Ortswechsel in immer stärkerem Maße mit sich bringt, bedeutet eine Nivellierung der Bodenverbundenheit und der

Geistesstärke des Menschen. Fast hat es den Anschein, als ob im Kampf der Menschen zwischen Geist und Materie die Verkehrsmittel in vorderster Reihe gegen den Menschen stehen, denn indem sie in immer größerer Geschwindigkeit und Bequemlichkeit den Ortswechsel erleichtern, entziehen sie den Menschen der Naturverbundenheit, aus der er in erster Linie seine schöpferischen Kräfte herleitet.

Es ist unter diesen Umständen erklärlich, daß vielfach Stimmen laut geworden sind, die die Verkehrsmittel als Schrittmacher der Kulturlosigkeit und als Zerstörer der einfachen natürlichen Lebensformen bezeichnen. Besonders dem Schnellverkehr mit seiner vor allem im Luftverkehr charakteristischen großen Verkürzung der Reisezeiten auf große Entfernungen wird die Berechtigung vom Standpunkt der heutigen Bedarfsgestaltung bestritten. Es wird hervorgehoben, daß er unnütz teuer sei und durch seine der Allgegenwärtigkeit dienenden Leistungen unnatürliche Bedingungen für das menschliche Gesellschaftsleben schaffe.

So sehr alle diese Einwendungen einer gewissen Berechtigung nicht entbehren mögen, so haben doch die Erfahrungen vergangener Zeitperioden, in denen wie beispielsweise zu Beginn der Eisenbahnzeit gewaltige Steigerungen der Reisegeschwindigkeiten zu verzeichnen waren, sie im wesentlichen nicht bestätigt. Mit der Verkürzung der zeitlichen Entfernungen wuchs die Lebensfülle des Raums und mit ihr die enge Verbundenheit der Menschen und Völker untereinander, die schließlich für die Größe und Kultur eines Volkes unentbehrlich ist. Fast unberührt davon und ewig bodenverbunden blieb die Landbevölkerung und gab von ihren wertvollen Kräften in den Wirkungsbereich der großen menschlichen Gemeinschaft des Volkes und der Welt nur so viel ab, als sie ohne Schädigung ihrer Erhaltung abgeben konnte. Das Landvolk ist in vergangenen Zeiten nur dann immer wieder in seinem Bestand und seinem Wert als Urquell für die Volkskraft geschädigt worden, wo seine ideelle und wirtschaftliche Bedeutung nicht genügend erkannt und anerkannt wurde. Die Steigerung der Reisegeschwindigkeiten und die Erleichterung in der Überwindung räumlicher Entfernungen haben dabei am allerwenigsten ursächlich mitgewirkt. Sie sind vielmehr in erster Linie von Bedeutung für die ohnehin in der Landwirtschaft nicht tätigen Menschen, also für Handel, Gewerbe und Verwaltung.

Eine Beschleunigung des Transports, wie er für unsere Untersuchungen im Schnellverkehr auf große Entfernungen in Frage kommt, erfaßt eine zahlenmäßig verhältnismäßig geringe Menschenschicht, während die übrigen Menschen nur mittelbar davon berührt werden. Mit Rücksicht auf diese beschränkte Auswirkung eines Schnellverkehrs für große Entfernungen auf das menschliche Gesellschaftsleben sowie auf Grund der Tatsachen und Erfahrungen vergangener Zeiten erscheint daher durchaus die Annahme berechtigt, daß etwaige Übertreibungen im Verkehr die nötige Korrektur finden durch im menschlichen Gesellschaftsleben selbst ruhende und lebendige Kräfte. Diese werden sich vom Verkehr und seinen steigenden Geschwindigkeiten abwenden, sobald sie sinnlos werden und keine unmittelbaren Beziehungen zum Eigen- und Seelenleben des Menschen haben.

Gehen diese vorwiegend psychologischen Motive in erster Linie den Menschen als Einzelerscheinung an, so treten bei einer Gemeinschaft von ihnen, wie sie in einer großen Staats- und Volksgemeinschaft zum Ausdruck kommt, politische und wirtschaftliche Motive von besonderer Stärke hinzu. Die Zentralgewalt eines Staates verlangt beste und schnellste Verbindungen mit seinen einzelnen Verwaltungsdistrikten. So entstand in China bereits 1500 v. Chr. und im alten Römerreich 100—200 n. Chr. im Interesse einer einheitlichen und geschlossenen Verwaltung des Reiches ein Schnellverkehr auf den Straßen, der 4—5mal schneller arbeitete als der normale Straßenverkehr. Heute ist die Führung eines großen Landes durch die Regierung ohne die Benutzung schnellster Verkehrsmittel kaum denkbar, und wir sehen, wie besonders in den internationalen Verkehrsbeziehungen die Leiter der Regierungen sich immer mehr der schnellsten Verkehrsmittel zur persönlichen Fühlungnahme mit den Leitern anderer Regierungen bedienen.

Diesen politischen Motiven zur Ausgestaltung schneller Verkehrsverbindungen treten die wirtschaftlichen Motive zur Seite. Die Wirtschaft sieht im Güterumlauf oder im Verkehr im allgemeinen einen unproduktiven Vorgang, der auf ein Mindestmaß durch möglichst schnelle Beförderung der Verkehrsgegenstände zu beschränken ist. Sie verlangt daher von einem Verkehrsmittel in besonderem Maße Schnelligkeit des Transports und gibt sich nicht zufrieden mit den einmal erreichten Verhältnissen. Sie ist besonders leicht geneigt, sich von einem Verkehrsmittel abzuwenden, das gegenüber anderen Verkehrsmitteln in seiner Reisegeschwindigkeit nicht mitgeht und von ihnen übertroffen wird. So kommt es auch, daß im heutigen Verkehrswesen, das im gleichen Verkehrsgebiet von Eisenbahnen, Kraftwagen und Luftfahrzeugen bestritten wird, ein Wettbewerb um die kürzesten Reisezeiten eingesetzt hat, der, wie wir noch sehen werden, nicht zum wenigsten dem Schnellverkehr in der Luft Sinn und Ziel gegeben hat. Diese drei Verkehrsmittel stehen im Kampf um das Verkehrsvolumen im Raum einer oder mehrerer Volkswirtschaften und suchen für sich einen Erfolg zu buchen, indem jedes von ihnen das, was der Verkehrsinteressent am höchsten schätzt: Schnelligkeit und Billigkeit, besser zu bieten bestrebt ist als andere Verkehrsmittel.

Aber noch ein weiterer, vorwiegend wirtschaftspolitischer Gesichtspunkt legt besonders für Europa den Gedanken und die Notwendigkeit einer möglichsten Steigerung der Reisegeschwindigkeiten für alle seine Verkehrsbeziehungen mit fremden Erdteilen nahe. Je selbständiger wirtschaftlich und politisch die neuen Erdteile werden, um so engere und bequemere Verkehrsverbindungen muß gerade Europa zu ihnen schaffen. In dieser großen Perspektive des Zusammenwachsens der Räume gewinnt ein Schnellverkehr in der Luft seine besondere Bedeutung. Die Weltgeschichte, die sich vor noch nicht langer Zeit vorwiegend im europäischen Raum abspielte und von ihm aus führend beeinflußt wurde, ist heute eine Angelegenheit aller Völker der Erde geworden. Damit werden aber auch die engen politischen und wirtschaftlichen Abhängigkeiten, die bisher im europäischen Raum zwischen den verschiedenen Ländern und Völkern bestanden, gleichsam auf den gesamten Erdenraum übertragen. Sie verlangen in gleicher Weise wie im wesentlich kleineren europäischen Erdteil die Beseitigung allzu großer Hemmungen in der Überwindung des Raums, wie sie bisher noch zwischen den Erdteilen vorliegen.

Mögen heute noch manche die Ansicht vertreten, daß es ein sinnloses und überspanntes Beginnen ist, die Entfernungen zwischen den Erdteilen in einem so gewaltigen Sprung, wie ihn der Luftverkehr ermöglicht, zu verringern. In späterer Zukunft wird aus den opferreichen Anfängen eines Weltluftverkehrs für Europa die Frucht einer maßgebenden Führung in der Zusammenarbeit im Weltgeschehen werden. Es besteht kaum noch ein Zweifel, daß in dem Augenblick, in dem die neuen Erdteile beginnen, sich gleichberechtigt Europa zur Seite zu stellen, Europa in dem Luftfahrzeug ein Verkehrsinstrument in die Hand gegeben ist, das seinen Bemühungen um Erhaltung seiner führenden Stellung im Völkerleben in stärkstem Maße entgegenkommt und sie zu unterstützen vermag.

Ein Beispiel dafür, von wie großer Bedeutung die schnelle Anwesenheit an möglichst vielen Orten im weiten Raum ist, können wir heute schon in den Vereinigten Staaten von Amerika feststellen. Dort gelang es in erster Linie mit Hilfe der schnellen Beförderungsmöglichkeiten im Luftverkehr, die gewaltigen Umstellungen im Wirtschaftsleben der letzten Jahre in persönlicher Fühlungnahme von Mensch zu Mensch und nicht durch papierene Verordnungen durchzusetzen und zu einheitlicher Wirkung zu bringen.

Die Motive allgemeiner Art sind in psychologischer, politischer und wirtschaftlicher Hinsicht heute bereits in allen wichtigen Ländern stark ausgeprägt und für die Einrichtung eines Schnellverkehrs allgemein günstig gelagert. Ihnen treten zur Seite die Motive, die sich speziell für den Luftverkehr aus seinen Beziehungen und Abhängigkeiten von den übrigen Verkehrsmitteln ergeben.

III. Die Motive spezieller Art für den Schnellverkehr in der Luft

Der Schnellverkehr in der Luft wird heute von Luftschiffen und Flugzeugen in der Weise bestritten, daß auf Transozeanstrecken das Luftschiff, dagegen auf kontinentalen und transkontinentalen Strecken im wesentlichen das Flugzeug Träger des Schnellverkehrs in der Luft ist. Die nachstehenden Untersuchungen beziehen sich grundsätzlich auf beide Arten der Luftfahrzeuge, nur ihre räumliche Nutzanwendung für Verkehrszwecke ist verschieden gelagert, je nachdem die technischen Möglichkeiten in Reichweite, Verkehrsgüte und Geschwindigkeit den Einsatz eines der beiden bedingen. In erster Linie wird uns jedoch der Schnellverkehr mit Flugzeugen beschäftigen, da bei ihm die Verkehrsbedienung mannigfaltigster Art im Rahmen des gesamten Verkehrswesens ist und seine technischen Entwicklungsmöglichkeiten noch großen Spielraum für die Erhöhung der Geschwindigkeiten lassen. Demgegenüber ist im Luftschiffverkehr die Verkehrsaufgabe räumlich verhältnismäßig eindeutig festgelegt und vor allem ist bei ihm eine weitere Steigerung der Geschwindigkeiten in bemerkenswertem Maße kaum zu erwarten.

Jeder Erfolg eines Verkehrsmittels ist ein Kompromiß zwischen Schnelligkeit und Billigkeit. In seinem Wettbewerb mit anderen Verkehrsmitteln muß das Luftfahrzeug um so mehr Wert legen auf einen großen Vorsprung in der Schnelligkeit, da es in der Billigkeit weit hinter den übrigen Verkehrsmitteln zurücksteht. Für die verkehrlich gut erschlossenen Gebiete sind die Eisenbahnen und Kraftwagen maßgebend für das Mehr an Geschwindigkeit, welches das Luftfahrzeug bieten muß, wenn es bei seinen höheren Transportkosten genügend Anreiz zu seiner Benutzung geben will. Dabei ist zu berücksichtigen, daß bei den heutigen Transportpreisen im Luftverkehr, die durchweg nur wenig über den höchsten Transportpreisen im Personenverkehr der Landverkehrsmittel liegen und nur im Post- und Frachtverkehr wesentlich höher sind als bei der normalen Beförderung zu Lande, die Einnahmen aus dem Luftverkehr nur zu 35—45% die Verkehrsausgaben decken. Der nötige Ausgleich zwischen Schnelligkeit und Billigkeit im Luftverkehr im Vergleich zu den konkurrierenden Verkehrsmitteln ist also noch in keiner Weise vorhanden und muß im Laufe der Zeit noch über den Weg der Geschwindigkeitserhöhung und der Selbstkostensenkung erreicht werden.

Leichter wird es dem Luftfahrzeug im Überseeverkehr und in verkehrlich wenig erschlossenen Gebieten sein, den Ausgleich und eine ausreichende Wirtschaftlichkeit zu erzielen, da es hier mit den geringen Reisegeschwindigkeiten der Überseedampfer und sehr langsamen Landverkehrsmitteln im Wettbewerb zu stehen hat.

Auf Grund der Wettbewerbslage zwischen Eisenbahnen, Kraftwagen, Seeschiffahrt und Luftverkehr wird daher das Luftfahrzeug vor allem im Vergleich mit anderen Verkehrsmitteln seinen Geschwindigkeitsvorsprung auf den Kontinentallinien in wirtschaftlich entwickelten Gebieten bemessen müssen. Um das Maß dieses notwendigen Vorsprungs beurteilen zu können, ist es erforderlich, zunächst die Verkehrsgegenstände festzulegen, die dem Wettbewerb zwischen Luftverkehr und den übrigen Verkehrsmitteln unterworfen sind, anschließend daran ist zu untersuchen, wie die Höchst- und Reisegeschwindigkeiten im Verkehrswesen zueinander gelagert sind.

Es ist in früheren Untersuchungen des Instituts eindeutig geklärt und auch durch den praktischen Luftverkehr bestätigt worden, daß das Verkehrsbedürfnis im Luftverkehr in erster Linie sich auf Verkehrsgegenstände erstreckt, die besonderen Wert auf schnelle Beförderung legen und für höhere Transportkosten tragfähig sind. Das sind, um einen Anhalt zu geben, im Personenverkehr die Reisenden I. und II. Klasse der Eisenbahn, im Frachtverkehr die hoch- und eilwertigen Güter, im Postverkehr die auf große Entfernungen gehenden Briefsendungen und Pakete. Alle diese Verkehrsgegenstände machen, gemessen am gesamten Personen-, Güter- und Postverkehr, mengenmäßig nur eine sehr dünne Verkehrsschicht aus, dagegen spielen sie einnahmemäßig wegen ihrer hohen Tragfähigkeit für Transportkosten bei den Gesamteinnahmen der Verkehrsunternehmungen eine sehr große Rolle.

Besonders aus letzterem Grund bieten die Verkehrsmittel alles auf, gerade diesen wertvollen Verkehr durch möglichst schnelle und bequeme Beförderung an sich zu ziehen. Während aber alle Land- und Wasserverkehrsmittel auf diese Verkehrsgattung allein nicht angewiesen sind, sondern aus mittel- und geringwertigen Gütern weitere Einnahmen ziehen können, ist der Luftverkehr nach seinen technischen und wirtschaftlichen Eigenarten gezwungen, sich auf den hochwertigen Verkehr allein zu stützen. Die geringe Nutzladefähigkeit und die hohen Transportkosten der Luftfahrzeuge geben ihm keine Möglichkeit, den Kreis seiner Verkehrsgegenstände wesentlich über den hochwertigen Verkehr hinaus, etwa nach dem mittelwertigen Verkehr hin, auszudehnen. Das erschwert seine Wettbewerbslage gegenüber anderen Verkehrsmitteln, gestattet ihm aber andererseits, seine Mittel und Wege zum Verkehrserfolg ganz auf die Gegenstände des hochwertigen Verkehrs einzustellen. Diese verlangen einheitlich von den Verkehrsmitteln möglichst schnellen Transport. Sie sind dafür weniger empfindlich für hohe Transportkosten.

Mit dieser für den Luftverkehr maßgebenden Umgrenzung der Verkehrsgegenstände ist die Grundlage gegeben für die Untersuchung des Vorsprungsmaßes an Reisegeschwindigkeit, das der Luftverkehr gegenüber den übrigen Verkehrsmitteln haben muß. Alle hochwertigen Verkehrsgegenstände werden auf Eisenbahnen und Kraftwagen und auch im Überseeverkehr mit den höchstmöglichen Geschwindigkeiten der betreffenden Verkehrsmittel gefahren, auf die nun ein planmäßig entwickelter Luftverkehr in erster Linie Rücksicht nehmen muß, wenn er möglichst viel Verkehr an sich ziehen will.

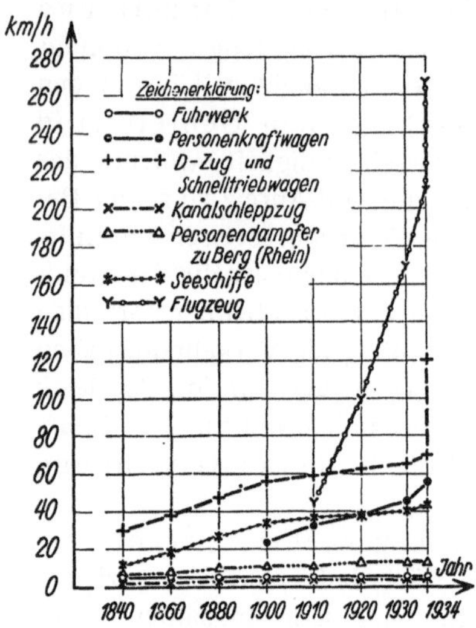

Abb. 1. Steigerung der höchsten Reisegeschwindigkeiten bei den verschiedenen Verkehrsmitteln in den letzten 100 Jahren

Es ist nicht allein von historischem Interesse, sondern es charakterisiert auch den gewaltigen Vorsprung der Luftfahrzeuge vor den übrigen Verkehrsmitteln, wenn wir in Abb. 1 die Tendenz der durchschnittlichen Reisegeschwindigkeiten der schnellsten Transportart der verschiedenen Verkehrsmittel in der Zeit der letzten 100 Jahre miteinander vergleichen. Die Kennlinie bedeutet Durchschnittswerte für eine große Zahl von Hauptverkehrsverbindungen zu Wasser, zu Land und in der Luft. Nur für den Eisenbahnverkehr ist die neue Spitzenleistung und zunächst noch Einzelleistung der Triebwagen in Deutschland und in den Vereinigten Staaten von Amerika eingetragen. Eine ihr ähnliche Geschwindigkeit werden die Kraftwagen auf den Reichsautobahnen in den nächsten Jahren erzielen können.

Ganz allgemein hat die Motorisierung des Verkehrs eine starke Steigerung der Reisegeschwindigkeiten hervorgerufen. Und wenn es vor einigen Jahren den Anschein hatte, als ob diese Motorisierung in erster Linie dem Luftverkehr zugute kommen und er allein ihre großen Möglichkeiten zur Geschwindigkeitssteigerung ausschöpfen könnte, so ist heute der Luftverkehr geradezu in die Motorisierung oder die neue Erscheinungsform des Verkehrswesens verstrickt. Er ist infolge der Motorisierung besonders der Landverkehrsmittel in stärkstem Maße gezwungen, zur Erzielung eines möglichst großen Geschwindigkeitsvorsprungs höhere Flug- und damit Reisegeschwindigkeiten zu bieten.

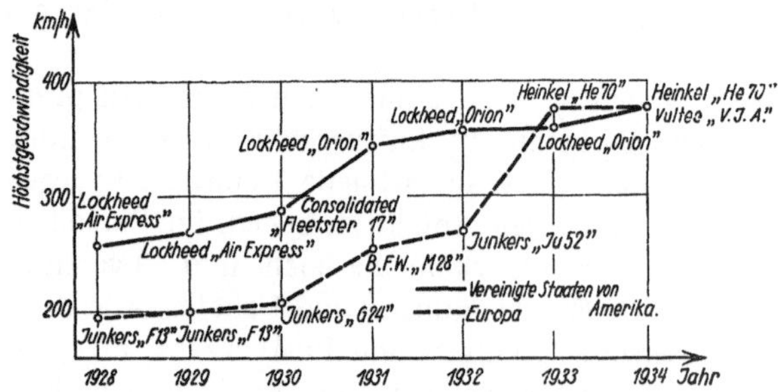

Abb. 2. Entwicklung der Höchstgeschwindigkeiten von Verkehrsflugzeugen in Europa und in den Vereinigten Staaten von Amerika

Den Erfolg der Anstrengungen, die in den letzten Jahren die Vereinigten Staaten von Amerika und Europa zur Erhöhung der Reisegeschwindigkeiten durch Steigerung der Höchstgeschwindigkeiten der Luftfahrzeuge gemacht haben, zeigt Abb. 2. Aus ihr ist zu erkennen, daß bereits im Jahre 1928 amerikanische Flugzeuge einen großen Geschwindigkeitsvorsprung gegenüber den europäischen hatten, und daß erst im Jahre 1933 dieser Vorsprung ausgeglichen und zeitweise sogar umgekehrt werden konnte. Allerdings ist dabei zu beachten, daß heute in den Vereinigten Staaten von Amerika Schnellflugzeuge auf fast allen Hauptverkehrslinien eingesetzt sind, während das schnellste europäische Luftverkehrsflugzeug nur auf einigen Hauptstrecken des deutschen Luftliniennetzes verkehrt und auf einigen anderen europäischen Linien amerikanische Schnellflugzeuge verwendet werden.

Es entsteht nun die Frage, welche Reisegeschwindigkeit im Luftverkehr geboten werden muß, wenn ein n-facher Vorsprung gegenüber den Reisegeschwindigkeiten im reinen Landverkehr oder dem kombinierten Land- und Seeverkehr erzielt werden soll. Die Beantwortung dieser Frage gibt gleichsam ein Programm für die richtige Wahl und Lage der Reisegeschwindigkeit im Luftverkehr in Abhängigkeit von der Raumerschließung durch andere Hauptverkehrsmittel wie Eisenbahn, Kraftwagen und Seeschiffahrt. Wird sie auch ausgedehnt auf die augenblicklich sich anbahnenden Erhöhungen der Geschwindigkeiten auf Eisenbahnen und Straßen, so trägt sie auch der weiteren Zukunft Rechnung, auf die sich der Luftverkehr um so mehr einstellen muß, als er noch in der Entwicklung seiner Möglichkeiten und Leistungen begriffen ist.

Die Schnelligkeit, mit der ein Verkehrsmittel die Ortsveränderung von Verkehrsgegenständen vornimmt, hängt in erster Linie von der Geschwindigkeit ab. Diese wird bekanntlich im Verkehrswesen ausgedrückt durch die in 1 Stunde zurückgelegten Kilometer. Für jedes Verkehrsmittel gibt es eine Höchstgeschwindigkeit, Fahr- oder Fluggeschwindigkeit und Reisegeschwindigkeit. Die Höchstgeschwindigkeit ist die höchstmögliche Geschwindigkeit, die ein Verkehrsmittel ohne Beeinträchtigung seiner Sicherheit auf waagerechter gerader Bahn einhalten kann. Die Fahr- oder Fluggeschwindigkeit ist die Geschwindigkeit, die ermittelt wird aus der Entfernung zwischen zwei Haltepunkten und der Fahrzeit, in der die Transporteinheit die Entfernung zurücklegt. Die Reisegeschwindigkeit wird ermittelt aus der Länge des Reisewegs und der gesamten Reisezeit, die sich aus der Fahr- oder Flugzeit und den Aufenthalten zusammensetzt. Die Reisegeschwindigkeit geht in erster Linie die Verkehrsinteressenten an, sie ist auch für unsere verkehrswirtschaftliche Untersuchung von besonderer Wichtigkeit. Die Höchst- und Fluggeschwindigkeit charakterisiert die technische Leistungsfähigkeit des Luftfahrzeugs im Luftmedium. Sie stellen beide ein wesentliches, meist sogar das wichtigste Element der Reisegeschwindigkeit dar, die im übrigen noch durch die Aufenthalte auf den Flughäfen beeinflußt wird.

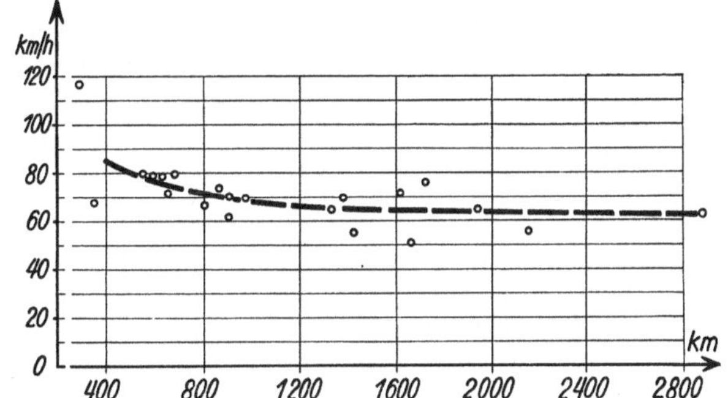

Abb. 3. Durchschnittliche Reisegeschwindigkeit im europäischen Eisenbahnfernverkehr in Abhängigkeit von der Beförderungsweite

Untersuchen wir zunächst das Vorsprungsmaß der Reisegeschwindigkeit im Luftverkehr gegenüber den kontinentalen Landverkehrsmitteln, Eisenbahn und Kraftwagen, heute und in Zukunft, so müssen zuerst deren Reisegeschwindigkeiten auf großen mit dem Luftverkehr in Wettbewerb stehenden Strecken durchschnittlich ermittelt werden. Für die Eisenbahnen ergibt sich aus einer großen Zahl von kontinentalen Schnellzugsfahrten eine mittlere Reisegeschwindigkeit in Abhängigkeit von der Reiselänge, wie sie in Abb. 3 dargestellt ist. Die Reisegeschwindigkeit auf den Ferneisenbahnen nimmt mit zunehmender Reiselänge allmählich von 90 km/h auf 62 km/h ab, was in erster Linie auf die mit der Länge der Strecke zunehmenden Betriebsaufenthalte und die Zollformalitäten zurückzuführen ist. Dieser Wechsel in den Reisegeschwindigkeiten bei den Eisenbahnen in Abhängigkeit von der Reiseweite ist für den Vergleich mit dem Luftverkehr von Bedeutung. Er darf nicht durch ein Durchschnittsmaß der Reisegeschwindigkeit für alle Entfernungen ersetzt werden.

Im Straßenverkehr des heutigen Straßennetzes legt ein Privatkraftwagen auf große Entfernungen in 1 Stunde durchschnittlich 55 km zurück. Dieser Satz kann als durchschnittliche Reisegeschwindigkeit im Kraftwagenfernverkehr angesehen werden unter der Annahme, daß nach 8 Stunden Fahrt ein neuer Kraftwagen für die Weiterfahrt zur Verfügung steht.

Zu diesen heute auf Eisenbahnen und Straßen maßgebenden Reisegeschwindigkeiten treten in naher Zukunft die Reisegeschwindigkeiten, die bei Verwendung von Eisenbahntriebwagen sich auf Grund praktischer Erfahrungen im Betrieb auf höchstens 120 km/h stellen und auf Reichsautobahnen auf Grund zunächst theoretischer Überlegungen ebenfalls dieses Maß erreichen werden. Es ist davon Abstand genommen, für den zukünftigen Schnellverkehr auf Eisenbahnen und Straßen eine von der Entfernung abhängige Abnahme der Reisegeschwindigkeit, wie sie heute vor allem auf Eisenbahnen Tatsache ist, gleichsam zu konstruieren. Hierfür sind die Einflüsse der verkehrlichen

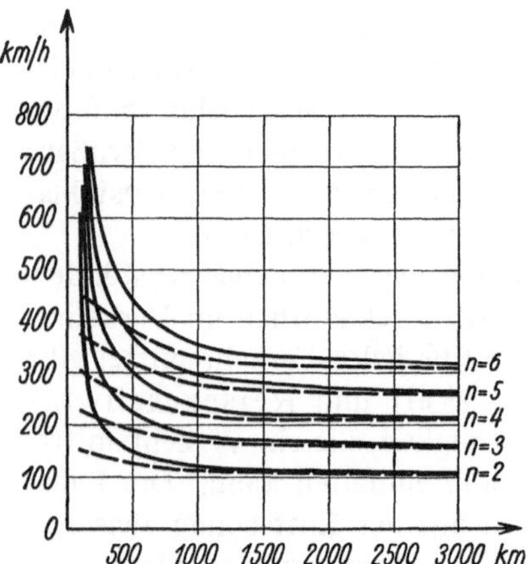

Abb. 4. Reisegeschwindigkeiten im Luftverkehr bei n-fachem Zeitvorsprung gegenüber dem heutigen Eisenbahnverkehr
(Reisegeschwindigkeit im heutigen Eisenbahnverkehr $V_r = 90$—62 km/h)
—— = Vorsprungslinie im Luftverkehr mit Berücksichtigung des Zubringerdienstes von 1 Std.
--- = Vorsprungslinie im Luftverkehr ohne Berücksichtigung des Zubringerdienstes

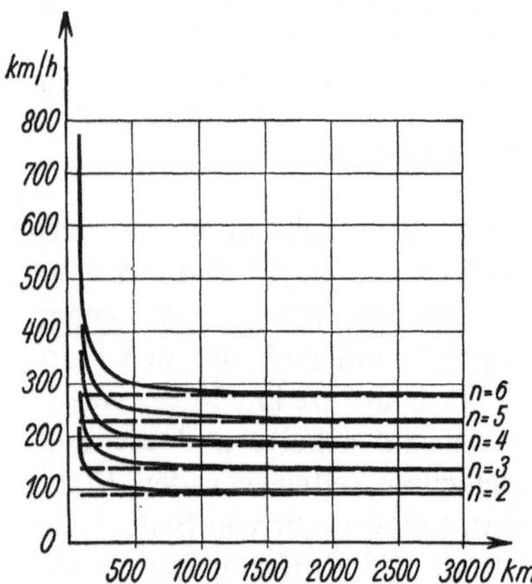

Abb. 5. Reisegeschwindigkeiten im Luftverkehr bei n-fachem Zeitvorsprung gegenüber dem heutigen Kraftwagenverkehr
(Reisegeschwindigkeit im heutigen Kraftwagenverkehr $V_r = 55$ km/h)
—— = Vorsprungslinie im Luftverkehr mit Berücksichtigung des Zubringerdienstes von 1 Std.
--- = Vorsprungslinie im Luftverkehr ohne Berücksichtigung des Zubringerdienstes

und betrieblichen Aufenthalte im Schnellverkehr der Landverkehrsmittel noch nicht im einzelnen genügend übersehbar. Die als wahrscheinlich angesetzte durchschnittliche höchste Reisegeschwindigkeit von 120 km/h trägt aber bereits in weitgehendem Maße diesem Einfluß Rechnung.

Um zu diesen heutigen und zukünftigen Reisegeschwindigkeiten auf Eisenbahnen und Straßen anschauliche Kennlinien für einen n-fachen Vorsprung der Reisegeschwindigkeit im Luftverkehr zu erhalten, war zu berücksichtigen, daß auf den Luftlinien zu einer reinen Flugzeit die Aufenthaltszeiten auf den Flughäfen sowie die Zu- und Abgangszeit am Anfangs- und Endflughafen, auch Zubringerdienst genannt, zu zählen sind, um aus der Gesamtzeit und der Entfernung die vergleichsfähige Reisegeschwindigkeit im Luftverkehr zu erhalten. Weiterhin war noch zu beachten, daß die Eisenbahnen und Straßen infolge ihrer notwendigen Anpassung an das Gelände durchschnittlich 20% länger sind als der Luftweg zwischen zwei weit voneinander entfernt liegenden Stationen. Im übrigen wurde für das Luftverkehrsnetz angenommen, daß ebenso wie auf Eisenbahnen und Straßen Tag- und Nachtverkehr möglich ist, ein Zustand, der auf den Hauptkontinentalstrecken bald erreicht sein wird. Aus diesem Grunde konnte von einer Berücksichtigung der Abstandsfolge und der Häufigkeit der Verkehrsgelegenheiten im Luftverkehr gegenüber dem Landverkehr im Gegensatz zu dem später zu behandelnden Überseeverkehr Abstand genommen werden. Es kann davon ausgegangen werden, daß bei den verhältnismäßig kurzen Reisezeiten auf Kontinentallinien zu Lande und in der Luft und bei den auf großen Strecken allgemein weniger häufigen Verkehrsgelegenheiten innerhalb 24 Stunden die Verkehrshäufigkeiten für den Land- und Luftverkehr auf große Entfernungen nahezu gleich gelagert sind.

Im kontinentalen Luftverkehrsnetz betragen die durchschnittlichen Abstände der Flughäfen, die im Luftverkehr angeflogen werden, 400 km. Auf jedem angeflogenen Flughafen soll das Flugzeug zur Übernahme und Abgabe der Fracht sowie zum Tanken 10 Minuten Aufenthalt nehmen. Dieses Maß ist zwar heute noch nicht überall erreicht, aber in einem ausgesprochenen Schnellverkehr dürfte es möglichst nicht überschritten werden. Die technischen Einrichtungen zum Tanken sind sowohl beim Flugzeug wie bei den Flughäfen so zu bemessen, daß in längstens 10 Minuten jedes Flugzeug getankt werden kann. Für die verkehrsmäßige Abfertigung reichen 10 Minuten aus.

Für den Zu- und Abgang am Anfangs- und Endflughafen sind 60 Minuten insgesamt gerechnet. Die um 20% größere Länge der Eisenbahnen und Straßen gegenüber der Luftlinie bedeutet einen Vorteil für den Luftverkehr. Sie wurde in der Weise bei der graphischen Darstellung ausgeglichen, daß die Entfernungen in Luftlinie angegeben und für diese die Eisenbahn- und Straßenlänge entsprechend vergrößert wurde. Es entsprechen also 100 km Luftlinie einer Eisenbahn- und Straßenlänge von 120 km, die mit den obenerwähnten Reisegeschwindigkeiten für Eisenbahnen und Straßen zurückzulegen sind. So konnten die Vorsprungskurven für den Luftverkehr aufgestellt werden, die alle Unterschiede im Vergleich zu den Reisegeschwindigkeiten im Landverkehr berücksichtigen.

Auf Grund dieser Voraussetzungen ergeben sich für den heutigen Landverkehr die Vorsprungskurven des Luftverkehrs (ausgezogene Linien) nach Abb. 4 und 5 und für den zukünftigen Landverkehr nach Abb. 6. Wir sehen, daß für den heutigen Eisenbahnverkehr bei einer Luftlinienreiselänge von 1000 km die Reisegeschwindigkeit im Luftverkehr 300 km/h betragen muß, wenn das Flugzeug 5mal schneller als die Eisenbahn diese Strecke bewältigen soll oder mit anderen Worten die Entfernung in $^1/_5$ der Reisezeit der Eisenbahn zurücklegen soll. Im Vergleich mit dem Straßenverkehr würde für die gleiche Strecke und das gleiche Vorsprungsmaß eine Reisegeschwindigkeit von 250 km/h im Luftverkehr genügen.

Für den zukünftigen Eisenbahn- und Straßenverkehr dagegen muß das Flugzeug eine wesentlich höhere Reisegeschwindigkeit bieten können. Sie müßte bei 5fachem Vorsprung und 1000 km Luftlinienentfernung 560 km/h betragen, ein Maß, das heute im Schnellverkehr noch in keinem Land erreicht ist. Mit den heutigen Schnellverkehrsflugzeugen läßt sich gegenüber dem zukünftigen Eisenbahn- und Straßenverkehr nur ein 3facher Vorsprung erreichen.

Es charakterisiert wohl nichts stärker die Abhängigkeit, in die der Luftverkehr auf kontinentalen Strecken in verkehrlich durch Eisenbahnen und Straßen gut erschlossenen Gebieten mit dem Landverkehr infolge der Motorisierung verstrickt ist, als der Vergleich der Vorsprungskurven der Abb. 4—6. Der neue oder zukünftige Schnellverkehr auf Eisenbahnen und Straßen hat im Durchschnitt den Vorsprung des Luftverkehrs von $^1/_5$ auf $^1/_3$ der Reisezeit gegenüber dem Landverkehr zurückgeworfen. Das drängt den Luftverkehr noch mehr als bisher auf große Entfernungen in kontinentalen Verkehrsbeziehungen und auf hohe Fluggeschwindigkeiten, wenn er sich einen angemessenen Vorsprung vor den Landverkehrsmitteln erhalten will.

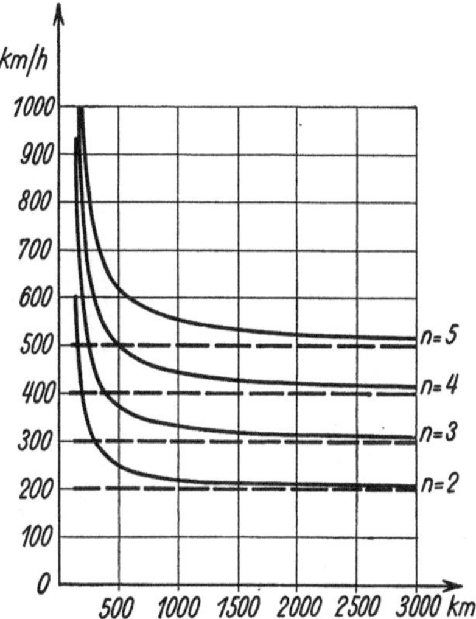

Abb. 6. Reisegeschwindigkeiten im Luftverkehr bei n-fachem Zeitvorsprung gegenüber dem zukünftigen Eisenbahn- und Autobahnenverkehr (Reisegeschwindigkeiten im zukünftigen Eisenbahn- und Autobahnverkehr $V_r = 120$ km/h)

—— = Vorsprungslinie im Luftverkehr mit Berücksichtigung des Zubringerdienstes von 1 Std.

--- = Vorsprungslinie im Luftverkehr ohne Berücksichtigung des Zubringerdienstes

Es entsteht daher hier zunächst die Frage, welcher Vorsprung im heutigen Luftverkehr Europas und der Vereinigten Staaten von Amerika gegenüber den Eisenbahnen und dem kombinierten Eisenbahn- und Seeverkehr auf den Hauptluftverkehrslinien vorhanden ist. Hierüber geben die Tabellen 1 und 2 näheren Aufschluß. Im Überlandverkehr beträgt heute in Europa das Verhältnis zwischen der Reisezeit im Luftverkehr zu derjenigen im Eisenbahnverkehr auf großen Strecken unter Berücksichtigung des Zubringerdienstes für den Luftverkehr im Durchschnitt 1 : 2,65 und schwankt zwischen 1 : 1,89 und 1 : 3,88. Im kombinierten oder gemischten Überland- und Seeverkehr ist das Verhältnis wegen der geringeren Geschwindigkeiten zur See und infolge der Umsteigezeit naturgemäß für den Luftverkehr günstiger; es beträgt im Durchschnitt 1 : 3,05 und schwankt zwischen 1 : 2,46 und 1 : 3,28. Allerdings ist zu berücksichtigen, daß auf den in der Tabelle 1 angeführten Strecken des gemischten Überland- und Seeverkehrs Flugzeuge mit verhältnismäßig hohen Geschwindigkeiten eingesetzt sind. Aus der Tabelle ist weiterhin zu ersehen, wie stark der Zubringerdienst die Reisegeschwindigkeit im Luftverkehr vor allem auf kurzen Strecken beeinflußt und sie hierbei im Durchschnitt um 20% verschlechtert.

Günstiger liegt das Vorsprungsmaß im heutigen nordamerikanischen Luftverkehr, wie Tabelle 2 zeigt. Es beträgt im Durchschnitt 1 : 3,32 und schwankt zwischen 1 : 2,14 und 1 : 4,17. Es ist dies

Tabelle 1. **Reisezeiten und Reisegeschwindigkeiten im europäischen Eisenbahn-, See- und Luftverkehr im Jahre 1934**

Strecke	Eisenbahn- bzw. Seeverkehr			Luftverkehr					Verhältnis der Reisezeiten Luftverkehr : Eisenbahn- bzw. Seeverkehr	
	Entfernung	Reisezeit	Reisegeschwindigkeit	Entfernung	Reisezeit		Reisegeschwindigkeit			
					ohne	mit	ohne	mit	ohne	mit
					Zeit für Zubringerdienst		Berücksichtigung des Zubringerdienstes		Berücksichtigung des Zubringerdienstes	
	km	h	km/h	km	h	h	km/h	km/h		
1	2	3	4	5	6	7	8	9	10	11
Berlin—Kopenhagen .	447	9 1/2	47	472	2	3	236	157	1 : 4,75	1 : 3,17
Berlin—Moskau . . .	1863	33 3/4	55	1748	10 3/4	11 3/4	163	139	1 : 3,14	1 : 2,87
Berlin—Warschau . .	570	8 1/2	67	520	3 1/2	4 1/2	148	116	1 : 2,43	1 : 1,89
Berlin—Wien	801	11 1/2	70	520	3 1/4	4 1/4	160	122	1 : 3,54	1 : 2,51
Berlin—Rom	1708	24	71	1358	8 1/4	9 1/4	165	147	1 : 2,91	1 : 2,60
Berlin—Barcelona . .	2013	37 3/4	53	1754	11 1/4	12 1/4	156	143	1 : 3,35	1 : 3,08
Berlin—Zürich	901	12 1/2	72	700	3 3/4	4 3/4	187	147	1 : 3,33	1 : 2,64
Berlin—Paris	1069	13 1/4	80	888	4 1/2	5 1/2	197	161	1 : 2,94	1 : 2,42
Berlin—Brüssel	801	11	73	666	4 1/2	5 1/2	148	121	1 : 2,45	1 : 2,00
Berlin—Amsterdam . .	641	8 1/4	78	583	2 1/2	3 1/2	233	166	1 : 3,30	1 : 2,36
Berlin—London	1192	18	66	989	4 1/2	5 1/2	220	180	1 : 4,00	1 : 3,28
Berlin—Prag	379	5 3/4	66	281	2	3	140	94	1 : 2,88	1 : 1,91
Wien—Rom	1277	25 1/4	51	892	5 1/2	6 1/2	162	137	1 : 4,60	1 : 3,88
Wien—Budapest . . .	274	4	64	225	1	2	225	112	1 : 4,00	1 : 2,00
Wien—Prag	351	6 1/4	56	254	1 1/2	2 1/2	169	102	1 : 4,18	1 : 2,50
London—Paris	468	6 3/4	69	360	1 3/4	2 3/4	206	131	1 : 3,86	1 : 2,46
Paris—Brüssel	311	3 1/4	96	266	1 1/2	2 1/2	177	106	1 : 2,17	1 : 1,30
Paris—Barcelona . . .	1212	20 1/4	60	1177	6 1/4	7 1/4	188	162	1 : 3,25	1 : 2,80
Durchschnittl. Reisegeschwindigkeit im Überlandverkehr			63				169	139	1 : 3,22	1 : 2,65
Durchschnittl. Reisegeschwindigkeit im gemischten Verkehr über Land und See			61,5				221	162	1 : 4,16	1 : 3,05

Tabelle 2. **Reisezeiten und Reisegeschwindigkeiten im nordamerikanischen Eisenbahn- und Luftverkehr im Jahre 1934**

Strecke	Eisenbahnverkehr			Luftverkehr					Verhältnis der Reisezeiten Luftverkehr : Eisenbahnverkehr	
	Entfernung	Reisezeit	Reisegeschwindigkeit	Entfernung	Reisezeit		Reisegeschwindigkeit			
					ohne	mit	ohne	mit	ohne	mit
					Zeit für Zubringerdienst		Berücksichtigung des Zubringerdienstes		Berücksichtigung des Zubringerdienstes	
	km	h	km/h	km	h	h	km/h	km/h		
1	2	3	4	5	6	7	8	9	10	11
New York—Chicago . . .	1550	20	72	1170	5 1/2	6 1/2	212	180	1 : 3,64	1 : 3,08
New York—Detroit	1120	14	80	815	4	5	203	163	1 : 3,50	1 : 2,80
New York—Los Angeles . (Nachtflug)	5130	78	66	4670	18	19	259	246	1 : 4,34	1 : 4,11
New York—Los Angeles . . (Tagflug)	5130	78	66	4670	26	27	180	173	1 : 3,00	1 : 2,89
New York—St. Louis . . .	1860	23	81	1460	9 3/4	10 3/4	150	136	1 : 2,37	1 : 2,14
New York—St. Paul . . .	2210	32 1/2	68	1690	8 1/4	9 1/4	205	183	1 : 3,94	1 : 3,52
New York—Salt Lake City	3990	59	68	3280	16 1/4	17 1/4	202	190	1 : 3,63	1 : 3,42
New York—San Francisco .	5180	78	66	4370	21 1/2	22 1/2	203	194	1 : 3,63	1 : 3,47
San Francisco—Chicago . .	3640	61	60	3210	17 1/2	18 1/2	184	174	1 : 3,49	1 : 3,30
San Francisco—Los Angeles	760	12 1/2	61	582	2	3	291	194	1 : 6,25	1 : 4,17
Los Angeles—Chicago . . .	3700	61	61	3180	17	18	188	177	1 : 3,59	1 : 3,39
Los Angeles—St. Louis . .	3600	60 1/2	60	2750	15 3/4	16 3/4	175	164	1 : 3,84	1 : 3,62
Durchschnittliche Reisegeschwindigkeit im amerikanischen Verkehr über Land			65,5				197	183	1 : 3,77	1 : 3,32

vor allem darauf zurückzuführen, daß auf zahlreichen amerikanischen Linien Flugzeuge mit höherer Fluggeschwindigkeit fliegen als in Europa.

Die ausgezogenen Vorsprungslinien der Abb. 4—6 zeigen die Reisegeschwindigkeiten im Luftverkehr in Abhängigkeit von den Reiseweiten unter Berücksichtigung der Zeit für den Zubringerdienst von 1 Stunde. Der Zubringerdienst beeinflußt naturgemäß bei kurzen Reiseweiten wesentlich stärker die gesamte Reisezeit und damit auch die Reisegeschwindigkeit als bei großen Reiseweiten, für die er fast ganz an Bedeutung verliert. Um nun aus den Vorsprungskurven die erforderliche Höchstgeschwindigkeit der Flugzeuge zur Erzielung eines n-fachen Vorsprungs im Luftverkehr entnehmen zu können, empfiehlt es sich, den konstanten Zubringerdienst auszuschalten. Die dann sich ergebenden Vorsprungskurven zeigen die Reisegeschwindigkeiten, die sich zusammensetzen aus Flugzeit, Aufenthaltszeiten, sowie aus dem gegenüber dem Landweg um 20% kürzeren Luftweg, unmittelbar für die verschiedenen Reiseweiten an. Diese Vorsprungskurven sind in den Abb. 4—6 gestrichelt eingetragen. Ihre Lage zu den Vorsprungskurven, bei denen der Zubringerdienst berücksichtigt ist, läßt deutlich erkennen, von welch großem Einfluß der Zubringerdienst auf die erforderlichen Reisegeschwindigkeiten im Luftverkehr bei kurzen Entfernungen ist und wie sehr dieser Einfluß mit der Zunahme der Reiseweiten allmählich zurücktritt. Bei 500 bzw. 1000 km Reiseweite und bei 5fachem Vorsprung der Reisegeschwindigkeit gegenüber dem heutigen Eisenbahnverkehr würde sich aus den gestrichelten Vorsprungskurven eine Reisegeschwindigkeit im Luftverkehr von 320 km/h bzw. 280 km/h ergeben.

Der Zubringerdienst scheidet den Schnellverkehr in der Luft und zu Lande in zwei charakteristische Entfernungszonen, in eine Nahzone von 0—500 km und eine Fernzone von 500 km und mehr. In der Nahzone würde das Flugzeug zur Einholung des im Zubringerdienst liegenden Zeitverlustes gegenüber den Landverkehrsmitteln mit unverhältnismäßig hohen Reisegeschwindigkeiten arbeiten müssen, die wesentlich über den Reisegeschwindigkeiten für große Entfernungen bei gleichem Zeitvorsprung liegen würden. Für diese Nahzone bietet daher das Landverkehrsmittel die beste Voraussetzung für den Schnellverkehr. In der Fernzone dagegen zeigt sich mit der Entfernung zunehmend der große Vorsprung der Flugzeuge, da hier der Einfluß des Zubringerdienstes allmählich ausgeglichen wird. Es ist allerdings zu beachten und erklärlich, daß, je größer der n-fache Vorsprung in der Reisegeschwindigkeit im Luftverkehr ist, um so langsamer der Einfluß des Zubringerdienstes mit der Entfernung abklingt (Abb. 4). Auch bei hohen Reisegeschwindigkeiten der Landverkehrsmittel beeinflußt der Zubringerdienst das Vorsprungsmaß des Luftverkehrs ungünstig (Abb. 6). Es kann sogar gesagt werden, daß hier sein Einfluß zuungunsten des Luftverkehrs noch mehr zu Buch schlägt als beim heutigen Landverkehr, weil die zukünftigen hohen Reisegeschwindigkeiten der Landverkehrsmittel sich gleichsam seinem Ausgleich besser entziehen können. Trotzdem wird auch beim Vergleich zwischen dem zukünftigen Schnellverkehr zu Lande und in der Luft die Scheidung nach einer Nahzone von 0—500 km und einer Fernzone von 500 km und mehr für die Beurteilung der Vorzüge des einen oder anderen Verkehrsmittels beibehalten werden können.

Auf Grund der in den Abb. 4—6 eingezeichneten Reisegeschwindigkeiten ohne Zubringerdienst lassen sich nun für ein n-faches Vorsprungsmaß die für die Konstruktion der Schnellflugzeuge notwendigen Höchstgeschwindigkeiten ableiten. Durch Untersuchung zahlreicher Langstrecken im europäischen Luftverkehr konnte das Verhältnis der Reisegeschwindigkeit zur Höchstgeschwindigkeit für den bisherigen Luftverkehr und den Schnellverkehr in der Luft im Durchschnitt ermittelt werden. Tabelle 3 gibt hierüber Aufschluß. Im bisherigen europäischen Luftverkehr beträgt die Reisegeschwindigkeit bei Nichtberücksichtigung des Zubringerdienstes ungefähr 0,67 der Höchstgeschwindigkeit der verwendeten Flugzeuge. Im Verkehr mit Schnellflugzeugen, für den im allgemeinen kürzere Aufenthaltszeiten auf den Flughäfen von höchstens 10 Minuten anzusetzen sind, hat sich praktisch das Verhältnis der Reisegeschwindigkeit zur Höchstgeschwindigkeit zu 0,73 ergeben. Wird diese Verhältniszahl auf die zu den gestrichelten Vorsprungskurven gehörenden Reisegeschwindigkeiten angewandt, so würde die Höchstgeschwindigkeit der Flugzeuge ungefähr $^1/_4$ höher liegen müssen als die Reisegeschwindigkeit. Damit würde ein wichtiges Konstruktionsmaß bei einem bestimmten n-fachen Vorsprungsmaß, wie es der Schnellverkehr gegenüber dem konkur-

Tabelle 3. **Verhältnis der Reisegeschwindigkeiten zu den Höchstgeschwindigkeiten verschiedener Verkehrsmittel**

Verkehrsmittel	Höchst-geschwindigkeit V_{max} km/h	Reise-geschwindigkeit V_r km/h	Verhältnis $V_r : V_{max}$
1	2	3	4
I. Landverkehr			
1. Personenkraftwagen			
a) Fernstraßen	110	55	0,50
b) Kraftwagenbahnen	160	120	0,75
2. D-Zug	120	70	0,58
3. Schnelltriebwagen	160	120	0,75
II. Wasserverkehr			
1. Kanalschiff	8	5	0,63
2. Seefrachtdampfer	22	18	0,82
3. Schnelldampfer	50	44	0,88
III. Luftverkehr			
1. Flugzeug 1934	285	190	0,67
2. Schnellflugzeug	370	270	0,73

rierenden Verkehrsmittel bieten muß, für die Entwicklung von Schnellverkehrsflugzeugen gegeben sein.

Es ist sehr aufschlußreich und für den Luftverkehr nicht unwichtig, daß das Verhältnis der Reisegeschwindigkeit zur Höchstgeschwindigkeit auf Eisenbahnen und Reichsautobahnen ähnlich liegen wird wie beim Schnellverkehr in der Luft. Wesentlich günstiger schneidet der Überseedampfer ab, der auf Überseestrecken nur zwischen zwei Häfen verkehrt und unterwegs im Gegensatz zum Land- und Luftverkehr über kontinentalen Flächen keine Zwischenaufenthalte zu nehmen hat. Diese Tatsache läßt auch für den Transozeanluftverkehr ein ähnlich günstiges Verhältnis zwischen Höchst- und Reisegeschwindigkeit wie im Überseeverkehr erwarten.

Damit kommen wir zu der Frage, welche Reisegeschwindigkeiten im Transozeanluftverkehr geboten werden müssen, um einen n-fachen Vorsprung in der Reisegeschwindigkeit gegenüber dem Überseedampfer zu erzielen. Für die Aufstellung dieser Vorsprungskurven muß im Gegensatz zu den Landverkehrsmitteln, die mehrfach am Tage verkehren, neben der Reisegeschwindigkeit auch die Häufigkeit der Fahrgelegenheiten berücksichtigt werden. Denn nur im Nordatlantikverkehr haben wir von Europa ausgehend halbtägige Fahrgelegenheit, während in allen anderen Transozeanverkehrsbeziehungen wesentlich größere Zeitabstände in den Fahrgelegenheiten vorliegen. Es ist nun besonders praktisch wichtig, zu den Fahrgelegenheiten im Überseeverkehr auf bestimmten Strecken die Fahrgelegenheiten im Transozeanluftverkehr in Beziehung zu bringen. Denn die Untersuchungen in Heft 5 der „Forschungsergebnisse des Verkehrswissenschaftlichen Instituts für Luftfahrt“ über den voraussichtlichen Verkehrsumfang im Transozeanluftverkehr haben ergeben, daß in der Anfangszeit das Verkehrsbedürfnis durchaus nicht ausreicht, um jeden Tag ein Flugzeug auf allen Weltverkehrslinien mit der nötigen Auslastung oder zahlenden Last verkehren zu lassen. Andererseits wird aber das Vorsprungsmaß im Luftverkehr in starkem Maße von der Fahrgelegenheit im Überseeverkehr und Luftverkehr bestimmt.

Bei den bestehenden Verschiedenheiten in der Reisegeschwindigkeit und Häufigkeit der Verkehrsgelegenheiten im Überseeverkehr muß die Untersuchung für die wichtigsten Überseestrecken Europa—Nordamerika und Europa—Südamerika getrennt vorgenommen werden. Die Reisegeschwindigkeit der Schnelldampfer auf der Nordatlantikstrecke Nordeuropa—Nordamerika beträgt durchschnittlich 35 km/h bei einer halbtägigen Fahrgelegenheit, auf der Südatlantikstrecke Europa—Südamerika 25 km/h bei ganztägiger Fahrgelegenheit. Hierzu sind nun die n-fachen Vorsprungszahlen im Luftverkehr für die verschiedenen Reisegeschwindigkeiten in Beziehung gesetzt, wobei die Reisegeschwindigkeiten im Luftverkehr gleich den Fluggeschwindigkeiten gesetzt werden konnten, wenn ohne Zwischenlandung von Hafen zu Hafen geflogen wird. Der Zubringerdienst für den

Luftverkehr konnte vernachlässigt werden, da auch die Seehäfen im allgemeinen weit außerhalb des eigentlichen Stadtzentrums liegen.

Bezeichnen wir

a_1 = Zeitabstand der Fahrgelegenheiten zur See in Stunden oder Tagen,
E = Entfernung in km,
v_1 = Reisegeschwindigkeit zur See in km/h,
v_2 = Reisegeschwindigkeit im Luftverkehr in km/h,

so ergeben sich die Zeitabstände a_2 in Stunden oder Tagen, innerhalb denen die Flugzeuge verkehren müssen, um einen n-fachen Zeitvorsprung gegenüber dem Schiffsverkehr zu erhalten aus der Beziehung[1]):

$$n = \frac{\frac{E}{v_1} + \frac{a_1}{2}}{\frac{E}{v_2} + \frac{a_2}{2}}.$$

Aus dieser Gleichung errechnet sich der gesuchte Zeitabstand:

$$a_2 = 2\left(\frac{\frac{E}{v_1} + \frac{a_1}{2}}{n} - \frac{E}{v_2}\right).$$

Für die Nordatlantikstrecke ist

a_1 = 12 Stunden
E = 6000 km
v_1 = 35 km/h.

Für die Südatlantikstrecke ist

a_1 = 24 Stunden
E = 12400 km
v_1 = 25 km/h.

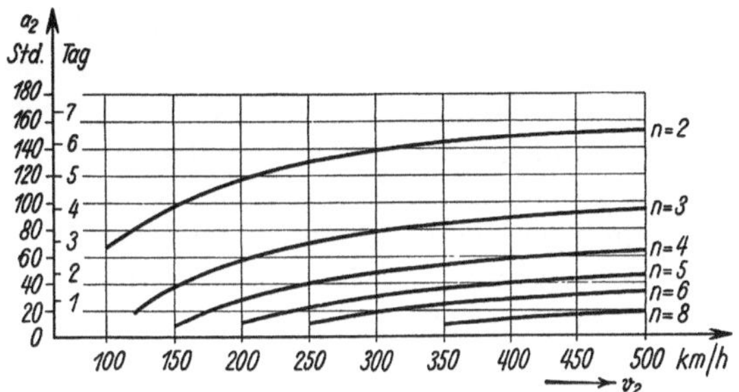

Abb. 7. Reisegeschwindigkeiten im Transozeanluftverkehr Nordeuropa—Nordamerika in Abhängigkeit von der Häufigkeit der Verkehrsgelegenheiten und von dem n-fachen Zeitvorsprung gegenüber dem Schiffahrtsverkehr (durchschnittliche Reisegeschwindigkeit der Überseeschiffahrt v_r = 35 km/h und halbtägige Fahrgelegenheit in der Überseeschiffahrt)
v_2 = Reisegeschwindigkeit im Luftverkehr in km/h,
a_2 = Häufigkeit der Reisegelegenheiten im Luftverkehr

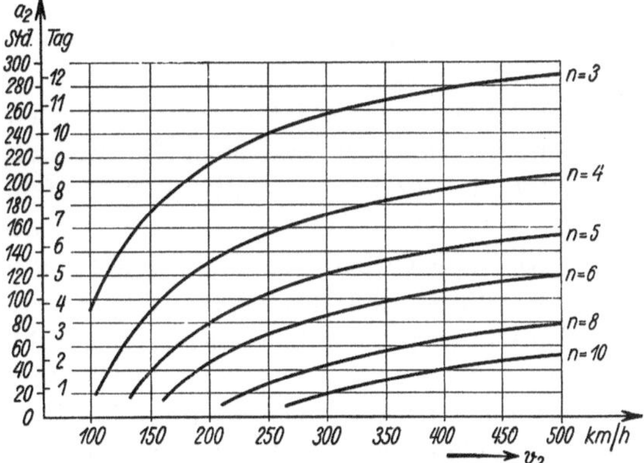

Abb. 8. Reisegeschwindigkeiten im Transozeanluftverkehr Europa—Südamerika in Abhängigkeit von der Häufigkeit der Verkehrsgelegenheiten und von dem n-fachen Zeitvorsprung gegenüber dem Schiffahrtsverkehr (durchschnittliche Reisegeschwindigkeit der Überseeschiffahrt v_r = 25 km/h und ganztägige Fahrgelegenheit in der Überseeschiffahrt)
v_2 = Reisegeschwindigkeit im Luftverkehr in km/h,
v_2 = Häufigkeit der Reisegelegenheiten im Luftverkehr

Die hiernach für die verschiedenen Reisegeschwindigkeiten v_2 im Luftverkehr errechneten Vorsprungskurven sind in Abb. 7 und 8 veranschaulicht. In der horizontalen Bezugslinie sind die Reisegeschwindigkeiten v_2 im Luftverkehr von 100—500 km/h aufgetragen, in der senkrechten Bezugslinie die Stunden oder Tage für die Zeitabstände a_2, in denen die Flugzeuge verkehren müssen, wenn ein n-facher Zeitvorsprung gewährleistet werden soll.

Ganz allgemein kennzeichnen die Vorsprungskurven der beiden Darstellungen, um wieviel schwieriger die Wettbewerbslage des Luftverkehrs mit dem Überseeverkehr im Nordatlantik ist gegenüber dem Südatlantik und auch den übrigen Ozeanen, deren Struktur des Schiffsverkehrs dem Südatlantikverkehr am nächsten liegt. Die häufige Fahrgelegenheit und die hohen Schiffsgeschwindigkeiten im Schiffsverkehr des Nordatlantik verlangen von dem Flugzeug

[1]) Pirath, „Die Grundlagen der Verkehrswirtschaft“, S. 136. Berlin 1934.

eine Reisegeschwindigkeit von 300 km/h, wenn alle zwei Tage Fluggelegenheit geboten und ein vierfacher Vorsprung in der Reisezeit erzielt werden soll. Im Südatlantik wird bei ebenfalls zweitägiger Fluggelegenheit und gleicher Reisegeschwindigkeit im Flugverkehr von 300 km/h ein nahezu 8facher Vorsprung auf dem Luftweg gegenüber der Schiffahrt erzielt. Es wird daher grundsätzlich auf dem Nordatlantik mit möglichst hohen Reisegeschwindigkeiten im Luftverkehr gearbeitet werden müssen, um genügend Vorsprung gegenüber dem Seeverkehr zu gewinnen, während im Südatlantik und auch auf den übrigen Ozeanen vom Standpunkt des genügenden Vorsprungs mit geringeren Reisegeschwindigkeiten im Luftverkehr gerechnet werden kann.

Soll auf Grund der im Nordatlantikverkehr zu erwartenden Verkehrsbedürfnisse für den Luftverkehr[1]) täglich eine Fluggelegenheit in beiden Richtungen geboten werden, so würde eine Reisegeschwindigkeit von 270 km/h nötig sein, um einen 5fachen Vorsprung im Luftverkehr gegenüber dem Seeverkehr zu erzielen. Im südatlantischen Luftverkehr genügt für die Befriedigung der Verkehrsbedürfnisse eine Fluggelegenheit jeden dritten Tag. In diesem Falle würde eine Reisegeschwindigkeit von 250 km/h bereits einen 6fachen Zeitvorsprung gegenüber dem Überseeverkehr ermöglichen. Bei Luftverkehrsgelegenheit jeden zweiten Tag würde bei gleicher Reisegeschwindigkeit der Zeitvorsprung das 7fache betragen.

Nach diesen Untersuchungen über das Vorsprungsmaß im Luftverkehr gegenüber den Land- und Seeverkehrsmitteln in Abhängigkeit von den Reisegeschwindigkeiten, Reiseweiten und Fahrgelegenheiten könnte der Gedanke naheliegen, mit weitgehender Genauigkeit ein zweckmäßiges Vorsprungsmaß für den Schnellverkehr in der Luft festzulegen. Das läßt sich nur bis zu einem gewissen Grade durchführen, da der Verkehrserfolg nicht allein von der Schnelligkeit sondern auch von der Billigkeit abhängig ist. Größere Schnelligkeit führt im allgemeinen bei allen Verkehrsmitteln zu höheren Transportkosten, die nur dann nicht verkehrsabschreckend wirken, wenn der Verkehrsinteressent mehr Ausgaben für die ihm gebotenen höheren Reisegeschwindigkeiten oder kürzeren Reisezeiten eintauschen will.

Trotzdem kann im Hinblick auf das bisher erreichte Vorsprungsmaß im Luftverkehr, das bei Nichtberücksichtigung des Zubringerdienstes das 3—4fache der Reisegeschwindigkeit der Landverkehrsmittel beträgt, gesagt werden, daß bei Steigerung dieses Maßes eine stärkere Benutzung des Luftverkehrs einsetzen und auch die Möglichkeit einer Steigerung der Einnahmen je angebotenes Nutz-tkm erzielt wird. Es dürfte sich empfehlen, zunächst auf allen Hauptverkehrslinien des kontinentalen Luftliniennetzes allmählich ein 5—6faches Vorsprungsmaß im Luftverkehr bei Nichtberücksichtigung des Zubringerdienstes gegenüber dem heutigen Eisenbahnverkehr durch Einrichtung von Schnellverkehrslinien zu erzielen. Diesem ersten Entwicklungsstadium würde später entsprechend der Beschleunigung des Transports auf Eisenbahnen und Straßen ein zweites folgen müssen, das dieses 5—6fache Vorsprungsmaß auch gegenüber den größten Reisegeschwindigkeiten im Landverkehr zu halten vermag. Das würde unter Zugrundelegung der heutigen Reisegeschwindigkeit auf Eisenbahnen bedeuten, daß bei einer Reiseweite von 500 bzw. 1000 km die Höchstgeschwindigkeit der Flugzeuge von 400—490 km/h bzw. von 350—410 km/h betragen müßte. Diese Höchstgeschwindigkeiten zu erreichen, muß das nächste Ziel der Flugzeugkonstrukteure sein, soweit in den weiteren Untersuchungen dieses Heftes nachgewiesen ist, daß der Schnellverkehr in der Luft die Wirtschaftlichkeit des Luftverkehrs grundsätzlich fördert.

Im Überseeverkehr wird der Zeitvorsprung im Luftverkehr mit Rücksicht auf die niedrigen Transportkosten der Seeschiffahrt höher bemessen werden müssen als im Kontinentalverkehr. Ein 6—7facher Vorsprung ist daher mindestens anzustreben. Er wird auf allen Ozeanen mit Ausnahme des Nordatlantik mit den heute gegebenen Schnellflugzeuggeschwindigkeiten bei Fluggelegenheit jeden 3. Tag eingehalten werden können. Im Nordatlantik ist er nur möglich durch Einsatz von Schnellflugzeugen und mindestens halbtägigen Luftverkehrsgelegenheiten. Die Entwicklung im transatlantischen Luftverkehr wird hier noch weitere Klärung bringen müssen. Das Eine aber steht fest, daß die Untersuchungen über die Vorsprungszeiten im Luftverkehr gezeigt haben, daß auch

[1]) Pirath, „Die Hochstraßen des Weltluftverkehrs“. Heft 5 der Forschungsergebnisse des Verkehrswissenschaftlichen Instituts für Luftfahrt an der Technischen Hochschule Stuttgart. München 1932.

der Transozeanluftverkehr sich je nach den Verkehrsleistungen anderer Verkehrsmittel mehr oder weniger auf den Einsatz von Schnellflugzeugen einstellen muß. Hierzu wird der Aufbau eines Schnellverkehrs über den Kontinenten manche wertvolle Vorarbeit leisten können.

Fassen wir die Ergebnisse der bisherigen Untersuchung zusammen, so ergibt sich, daß die Motive allgemeiner Art, die das Bestreben zur Beschleunigung des Transports im Verkehrswesen ständig lebendig halten und für alle Verkehrsmittel in gleicher Weise wirksam sind, im Luftverkehr noch eine besondere Bedeutung durch das spezielle Verhältnis des Luftverkehrs zu den übrigen Verkehrsmitteln erhalten. Dieses Verhältnis ist heute stark dynamisch gestaltet, so daß der Luftverkehr nicht mehr mit einer statischen Lage in den Reisegeschwindigkeiten der Landverkehrsmittel zu rechnen hat, sondern mit einer baldigen starken Steigerung in den Reisegeschwindigkeiten, denen er sich verkehrswirtschaftlich durch höhere Reisegeschwindigkeiten anpassen muß. In diesem Ringen um die höhere Reisegeschwindigkeit wird der Erfolg dem Verkehrsmittel zufallen, dessen technische und betriebliche Voraussetzungen für einen Schnellverkehr am einfachsten gelagert sind und das mit den geringsten Kosten den Aufbau des Schnellverkehrs entwickeln kann.

IV. Die technischen und betrieblichen Voraussetzungen für den Schnellverkehr

Die wichtigste technische Voraussetzung für die Steigerung der Reisegeschwindigkeiten ist die höhere Fahr- oder Fluggeschwindigkeit der Transporteinheiten. Das technische Problem der Geschwindigkeitssteigerung liegt nicht einfach. Es ist um so komplizierter, je mehr ein Verkehrsmittel für seine Fahrzeuge an einen künstlichen Weg gebunden ist, so daß sowohl Fahrzeuge wie Weg den technischen Anforderungen höherer Geschwindigkeiten entsprechen und aufeinander abgestimmt sein müssen. Das ist vor allem der Fall bei allen Landverkehrsmitteln, während bei den Übersee- und Luftverkehrsmitteln der von der Natur gegebene Weg nicht zu ändern und daher ihm das Fahrzeug anzupassen ist. Heute ist die Entwicklung in die Geschwindigkeitsbereiche eingedrungen, die weit jenseits der Grenze liegen, für die die gebräuchlichen Betriebsmittel und die Linienführung der Eisenbahnen und Straßen ursprünglich geschaffen wurden. Damit wachsen die Anforderungen an den technischen Apparat mindestens mit dem Quadrat der Geschwindigkeit.

Betrachten wir zunächst die Betriebsmittel oder die Fahrzeuge für den Schnellverkehr, so wächst bei sehr hohen Geschwindigkeiten der Gesamtwiderstand auf waagrechter Bahn bei Eisenbahnen und Kraftwagen annähernd ebenso wie der Luftwiderstand, also mit dem Quadrat der Geschwindigkeit. Die für die Beförderung eines Zugs oder Kraftwagens zu leistende Arbeit = Kraft × Weg, wächst also bei sehr hohen Geschwindigkeiten auch fast mit dem Quadrat der Geschwindigkeit. Und da die Zeit, die für die Erzeugung der betreffenden Arbeit zur Verfügung steht, umgekehrt verhältnisgleich zur Geschwindigkeit ist, wachsen die Ansprüche an die Leistung der Triebkraft fast mit der dritten Potenz der Geschwindigkeit.

Diesem Grundgesetz sind alle Landfahrzeuge des Schnellverkehrs und die Flugzeuge in gleicher Weise unterworfen. Es muß daher bei ihnen die Triebkraftanlage so ausgebildet werden, daß sie eine entsprechend höhere Zugkraft zur Überwindung des hohen Gesamtwiderstands zur Verfügung stellen kann. Der große technische Fortschritt, der durch schnell laufende Motoren erzielt wurde, hat es ermöglicht, bei verhältnismäßig geringem Gewicht diese hohen Zugkräfte zu erzeugen und damit die Motorisierung des Verkehrs einzuleiten.

Aber mit der Konstruktion von Motoren höchster Leistungsfähigkeit ist es allein nicht getan. Da der Luftwiderstand von der Form der Fahrzeuge oder Flugzeuge in starkem Maße bestimmt wird, so mußte parallel mit der Konstruktion hochleistungsfähiger Motore die Gestaltung der äußeren Fahrzeugform nach dem Prinzip des geringsten Luftwiderstands laufen. In dieser Beziehung haben nun die aerodynamischen Erkenntnisse für die möglichst günstige Gestaltung des Flugzeugs auch für die Landverkehrsmittel neue Wege zur Verminderung des Luftwiderstands der Fahrzeuge durch aerodynamisch richtige Gestaltung und Oberflächenbehandlung aufgezeichnet. Wir sehen ein Zusammenspiel zwischen dem Luftfahrzeugbau und dem Wagenbau für Eisenbahnen und Straßen, das nicht zum wenigsten der Eisenbahn und dem Kraftwagen erst die technische Möglichkeit gegeben hat, aus dem bisherigen praktischen Bereich der Höchstgeschwindigkeiten einen gewaltigen Sprung nach vorwärts zu machen, der allein auf Grund des Einbaus stärkerer Motoren in Wagen früherer Bauart und Form wirtschaftlich nicht vertretbar gewesen wäre.

Den Fahrzeugen der Eisenbahnen und Straßen ist aber in dem Bestreben, den Luftwiderstand möglichst gering zu gestalten, eine wesentlich engere Grenze gesetzt als den Flugzeugen. Der Unterbau der Landfahrzeuge gestattet nicht ihre aerodynamisch günstigste Gestaltung, wie sie bei den im Luftraum sich bewegenden Flugzeugen möglich ist. So kommt es, daß im Luftfahrzeugbau die mit der Erhöhung der Geschwindigkeit auftretenden größeren Luftwiderstände durch aerodynamisch gute Ausbildung der Flugzeuge weit mehr herabgesetzt werden konnten als bei den Eisenbahnfahrzeugen und Kraftwagen. So erhöht sich beispielsweise bei einer Geschwindigkeitssteigerung um 50 % der Luftwiderstand bei einem stromlinienförmig ausgebildeten Kraftwagen um 30 %, bei einem aerodynamisch gut durchgebildeten Flugzeug um nur 8 %, weil dem Flugzeug wesentlich günstigere Vorbedingungen für die Verminderung des Widerstands gegeben sind.

In diesem Unterschied zwischen Landfahrzeugen und Flugzeugen liegt ein wichtiger technischer Beurteilungsmaßstab für die zweckmäßigste Erzielung höherer Reisegeschwindigkeiten. Er gibt dem Flugzeug den technischen Vorzug für die Entwicklung des Schnellverkehrs.

Welche Bedeutung die ständige Steigerung der Geschwindigkeit im Verkehrswesen für die aerodynamisch zweckmäßigste Formgebung der Verkehrsfahrzeuge gewonnen hat, läßt sich vielleicht am anschaulichsten an dem Vergleich zwischen aerodynamisch mehr oder weniger vollkommenen Fahrzeugen des Eisenbahn-, Straßen- und Luftverkehrs, wie sie die Abb. 9—16 darstellen, erkennen. Einem aerodynamisch weniger günstig ausgebildeten Fahrzeug sind ein oder mehrere nach den heutigen Grundsätzen der Aerodynamik günstigst gestaltete Fahrzeuge gegenübergestellt. Im Vergleich der Fahrzeuge der Landverkehrsmittel mit den Flugzeugen zeigen die Abbildungen die Grenze der Verwendung der Stromlinienform bei den Landverkehrsmitteln gegenüber dem in diesem Punkte wesentlich freier gestellten Flugzeug.

Diese günstige technische Lage des Flugzeugs tritt noch stärker hervor, wenn das Zusammenspiel zwischen Weg und Fahrzeug untersucht wird. Jeder Schnellverkehr zu Lande verlangt einen besonders hergerichteten und im Gelände günstig gestalteten Weg. Der Schnellverkehr in der Luft kann sich des von der Natur gegebenen Luftmediums bedienen. Nur an den Verbindungsstellen zwischen Luft und Land, den Flughäfen, muß eine Abstimmung zwischen Weg und Fahrzeugen geschaffen werden. Wenn diese Abstimmung auch mit zu den wichtigsten Voraussetzungen für die Sicherheit im Luftverkehr gehört, so verursacht sie doch bei weitem weniger Kosten, als wenn auch der Luftweg noch künstlich, ähnlich wie beim Landverkehr hergerichtet werden müßte. Da die Flughäfen große ebene Flächen darstellen müssen und diese bereits für den bisherigen normalen Verkehr groß zu bemessen waren, so kann als Ausgangspunkt für die Abstimmung zwischen Flugzeug und Flughafen im Schnellverkehr der heutige Flughafen als Zwangsfläche, die nicht verändert werden kann, angenommen werden. Nach ihr ist das Schnellflugzeug zur Erzielung eines genügend sicheren Lande- und Startwegs zu konstruieren. Damit ist ein wichtiges Konstruktionsziel für das Schnellflugzeug festgelegt, das zu erreichen Mittel und Wege im Flugzeugbau, weniger aber in der Herrichtung der Oberfläche der Flughäfen zu suchen sind. Auch dieser Umstand gestaltet die technische Seite für den Einsatz von Schnellflugzeugen günstiger gegenüber den Landverkehrsmitteln.

Das erste Gefühl, das jeder Mensch mit der Erhöhung der Geschwindigkeit von Verkehrsmitteln verbindet, drückt sich im allgemeinen in der Frage aus, ob auch die Sicherheit genügend gewährleistet ist. Für alle Verkehrsmittel hat die Beantwortung dieser Frage eine technische und betriebliche Seite. Die technische verlangt Sicherheit der Konstruktion von Weg und Fahrzeug, sowie zuverlässige Leitung der Bewegungsvorgänge durch technische Vorrichtungen. Die betriebliche Seite erstreckt sich auf die richtige Organisation der Bewegungsvorgänge und die sichere Führung der Fahrzeuge durch das Personal. Jede größere Erhöhung der Geschwindigkeit steigert auch die Anforderungen auf allen diesen Gebieten, wenn sie auch für die einzelnen Verkehrsmittel verschieden sind. So entfällt die sichere Steuerung der Fahrzeuge bei den Eisenbahnen, da sie durch den Spurkranz und seine Führung im Gleis ersetzt wird. Bei den Kraftwagen und Flugzeugen dagegen verlangt sie die größte Aufmerksamkeit und Geschicklichkeit des Führers oder Piloten.

Für den Kraftwagen liegen hierbei besonders schwierige Verhältnisse vor, die an den Kraftwagenführer die höchsten Anforderungen stellen. Bei hohen Geschwindigkeiten wirken nämlich die großen Windkräfte je nach ihrer Richtung verschieden auf den Kraftwagen und seinen Bewegungszustand. Plötzlich einsetzender Seitenwind, wie er beispielsweise am Ende hoher Einschnitte auftreten kann, stört bei hohen Fahrgeschwindigkeiten augenblicklich das Gleichgewicht der am Kraftwagen wirkenden Kräfte und verlangt eine umsichtige Betätigung der Steuerorgane, da die verhältnismäßig schmale Straßenfahrbahn nicht allzuviel Spielraum für Abweichungen von der der Straßenachse parallelen Fahrtrichtung zuläßt. Einen ähnlichen Einfluß haben zwar auch plötzlich auftretende Böen auf die Flugzeuge. Ihnen kann aber der Pilot im freien Luftraum, ungebunden an eine Fahrbahn, wesentlich einfacher und leichter begegnen, als es dem Kraftwagenführer auf den Straßen bei hohen Geschwindigkeiten möglich ist. In diesem Punkte weist daher das Flugzeug einen sicherheitstechnischen Vorteil auf, der in der Führung der Fahrzeuge demjenigen bei den spurgebundenen Eisenbahnen fast gleich gestellt werden kann.

Nach den Grundlagen der Mechanik muß bei allen Verkehrsmitteln die durch Erhöhung der Geschwindigkeiten erzeugte Energie im Bremsvorgang durch entsprechende Vorrichtungen an Fahrzeugen und Wegen vernichtet werden, um die Transporteinheiten sicher zum Halten zu bringen.

Abb. 9. Aerodynamisch ungünstig ausgebildetes Eisenbahnfahrzeug

Abb. 10. Aerodynamisch günstig ausgebildetes Eisenbahnfahrzeug (Schnelltriebwagen)

Abb. 11. Aerodynamisch ungünstig ausgebildeter Kraftwagen

Abb. 12. Aerodynamisch günstig ausgebildeter Kraftwagen (Mercedes-Benz Typ 200 als Jaray-Stromlinien-Limousine)

Abb. 13. Aerodynamisch ungünstig ausgebildetes Flugzeug

Abb. 14. Aerodynamisch günstig ausgebildetes Flugzeug (Lockheed Orion)

Abb. 15. Aerodynamisch günstig ausgebildetes Flugzeug (Heinkel He 70)

Abb. 16. Aerodynamisch günstig ausgebildetes Flugzeug (Douglas Airliner DC—1)
Photo K.L.M. Königl. Holl. Luftreederei

Während bei den Landfahrzeugen hierzu ein genügender Bremsweg durch Vergrößerung der Folgeabstände der Transporteinheiten wie Züge und Kraftwagen und durch Änderung der Sicherungsanlagen ohne besondere Schwierigkeiten erreichbar ist, ist der Bremsvorgang bei Schnellflugzeugen mit dem Landevorgang verbunden und daher an die Fläche der Flughäfen und an die meist kleinen Hilfslandeplätze gebunden. In diesem wichtigen Punkt der sicheren Abbremsung des Flugzeugs bis zur Ruhelage auf der Erdoberfläche stellt zweifellos die Entwicklung des Schnellverkehrs in der Luft höhere Anforderungen an den Konstrukteur und den Führer als bei anderen Verkehrsmitteln. In der Tat haben sich hierbei auch eine Zeitlang die stärksten Hemmungen für die technische und betriebliche Entwicklung des Schnellverkehrs in der Luft gezeigt.

Die Sicherung der Bewegungsvorgänge der Transporteinheiten auf den Strecken kann im Schnellverkehr grundsätzlich nach ähnlichen Gesichtspunkten wie bei dem Normalverkehr erfolgen, doch ist nicht zu bestreiten, daß bei der im Schnellverkehr in der Luft besonders schnellen Abwicklung der Bewegungsvorgänge besondere Maßnahmen zu ihrer Sicherung noch getroffen werden müssen. Denn ebenso wie die Methoden der Flugzeugnavigation sich wegen der größeren Geschwindigkeit des Flugzeugs in wichtigen Punkten von denjenigen der Seenavigation unterscheiden, wird aus den gleichen Gründen eine Erhöhung der Geschwindigkeiten im Luftverkehr gewisse Änderungen in den Methoden der Flugzeugnavigation und damit in der Flugsicherung bringen. Je schneller die Flugzeuge fliegen, in um so schnellerer Zeitfolge müssen die Ortsbestimmungen vor sich gehen. Die Grundbedingungen hierfür werden durch den beengten Raum im Flugzeug, den schnellen Standortwechsel im Flug und durch die möglichst sparsame Mitnahme von Flugpersonal stark erschwert, so daß besonders rationelle Methoden für die Flugzeugnavigation im Schnellverkehr angewandt werden müssen[1]).

Zusammenfassend kann gesagt werden, daß die technischen und betrieblichen Voraussetzungen für die Einrichtung des Schnellverkehrs bei den Flugzeugen in wesentlichen Punkten günstiger gelagert sind als bei den Landfahrzeugen. Die Bewegung des Flugzeugs im freien Luftraum gestattet eine Ausgestaltung des Flugkörpers nach den Regeln der Aerodynamik in günstigster Weise, so daß die mit der Erhöhung der Geschwindigkeiten verbundene Erhöhung der Widerstände sehr niedrig gehalten werden kann. Bei den Landverkehrsmitteln verbietet einen ähnlichen Erfolg in der Verminderung des Widerstands die Gebundenheit der Fahrzeuge an den Boden. Nur auf den Flughäfen, auf denen das Flugzeug wie ein Landverkehrsmittel Rücksicht auf die feste Erdoberfläche nehmen muß, verdichtet sich der Landevorgang zu dem schwierigsten technischen Problem des Schnellflugzeugs, wenn ein sicheres Zusammenspiel zwischen Flugzeug und Landefläche erzielt werden soll.

Der im Schnellverkehrsbetrieb tätige Mensch muß mit besonderer Zuverlässigkeit, Kaltblütigkeit und schneller Entschlußfähigkeit arbeiten. In diesem Punkt besteht, abgesehen von der an sich schwierigeren Führung eines Flugzeugs, allgemein kein wesentlicher Unterschied zwischen den verschiedenen Verkehrsmitteln.

V. Der wirtschaftliche Vergleich zwischen dem Schnellverkehr in der Luft und anderen Verkehrsmitteln

Der Sinn und das Ziel des Schnellverkehrs ist eine Verbesserung der Verkehrsmöglichkeiten bei erträglichen Preisen. Es interessiert dabei besonders die Frage, wie hoch die Unterschiede der Gesamtkosten des Schnellverkehrsbetriebs auf Eisenbahnen, Straßen, Übersee und in der Luft im Schnellverkehr und im Normal- oder Grundverkehr sich belaufen. Ergeben sich dabei Mehrkosten für den Schnellverkehr, so ist zu untersuchen, durch welche betrieblichen und verkehrlichen Maßnahmen sie unter Umständen ausgeglichen werden können.

Für diese Untersuchung ist zunächst davon auszugehen, daß für den Vergleich zwischen Schnellverkehr und Grundverkehr eines jeden Verkehrsmittels die gleiche Nutzladefähigkeit und die gleiche Jahresleistung der Transporteinheit (Eisenbahnzug, Kraftwagen, Seeschiff und Flugzeug) zugrunde gelegt werden, damit die Grundlagen des Vergleichs einheitlich und eindeutig für alle Verkehrsmittel sind. Ferner ist es zweckmäßig, und es erleichtert den wirtschaftlichen Vergleich ver-

[1]) W. Immler, „Grundlagen der Flugzeugnavigation". München 1934.

schiedener Verkehrsmittel, wenn das Maß der Geschwindigkeitssteigerung zwischen Schnell- und Grundverkehr möglichst für alle Verkehrsmittel gleich gewählt wird. Das ist nach dem Stand der Entwicklung durchaus möglich. In der Tat haben wir bei Eisenbahnen und Straßen eine Steigerung der Reisegeschwindigkeit zu erwarten von 80 km/h auf 120 km/h, also um 50 %, bei Flugzeugen von 150 km/h auf mindestens 250 km/h, also um 65 %.

Es mag auffallen, daß hier für den Straßenverkehr eine normale Reisegeschwindigkeit auf dem vorhandenen Straßennetz von 80 km/h angenommen ist gegenüber sonst 55 km/h. Die Deutschlandfahrt über 2000 km im Jahre 1934, bei der die Straßen für jeden Verkehr gesperrt waren, die Kraftwagen also ihre von der Linienführung der vorhandenen Straßen bedingte Fahrgeschwindigkeit unbehindert durch Fußgänger, Radfahrer und Fuhrwerke einhalten konnten, hat eine durchschnittliche Reisegeschwindigkeit von 80 km/h ergeben. Das vorhandene Straßennetz gestattet also technisch diese Reisegeschwindigkeit heute im Kraftwagenverkehr. Sie muß daher als die Reisegeschwindigkeit für den Grundverkehr angesehen werden, wenn wir feststellen wollen, welche Mehrkosten am Weg die Erhöhung dieser Reisegeschwindigkeit auf 120 km/h, wie sie durch den Bau von besonderen Autobahnen erreichbar sein wird, verlangt.

Um die wirtschaftliche Bedeutung der Geschwindigkeitssteigerung im Überseeverkehr gegenüber dem Luftverkehr zu beurteilen, mußte auf die verflossene Entwicklung der Geschwindigkeitssteigerung im Überseeverkehr während der letzten 30 Jahre zurückgegriffen werden, da in heutiger Zeit eine wesentliche Steigerung der Geschwindigkeit der Überseedampfer kaum noch zu erwarten ist. Das Maß der Steigerung konnte zu 40 % gewählt werden, so daß es dem Steigerungsmaß bei den übrigen Verkehrsmitteln naheliegt und weitgehend vergleichsfähig ist.

Unter Zugrundelegung dieser Steigerung der Reisegeschwindigkeiten bei Eisenbahnen, Kraftwagen, Seeschiffahrt und Flugzeugen ist nun die Änderung der Selbstkosten, die der Schnellverkehr gegenüber dem Normal- oder Grundverkehr verursacht, zu untersuchen.

Die Selbstkosten des heutigen Grundverkehrs werden bei Einrichtung des Schnellverkehrs in verschiedenem Maße beeinflußt. Ein Teil der Kostenarten der Selbstkosten ist von der Erhöhung

Tabelle 4. **Einfluß der Erhöhung der Geschwindigkeit auf die Selbstkosten eines Verkehrsmittels, bezogen auf die Selbstkostenanteile im heutigen Grundverkehr der verschiedenen Verkehrsmittel**

Kostenarten der Selbstkosten	Verkehrsmittel und Selbstkostenanteile des heutigen Grundverkehrs: Von der Erhöhung der Geschwindigkeit sind abhängig die Selbstkostenanteile bei						Von der Erhöhung der Geschwindigkeit sind unabhängig die Selbstkostenanteile bei					
	Ferneisenbahn	Kraftwagen: Privatkraftwagen	Kraftwagen: Omnibus[1])	Kraftwagen: Lastkraftwagen[1])	Seeschiffahrt	Flugzeugverkehr	Ferneisenbahn	Kraftwagen: Privatkraftwagen	Kraftwagen: Omnibus	Kraftwagen: Lastkraftwagen	Seeschiffahrt	Flugzeugverkehr
	%	%	%	%	%	%	%	%	%	%	%	%
	2	3	4	5	6	7	8	9	10	11	12	13
I. Fahrweg												
1. Verzinsung und Abschreibung	12	1	13	25	—	—	—	—	—	—	9	1
2. Unterhaltung	17	20	2	4	—	—	—	—	—	—	1	3
II. Fahrzeuge												
1. Verzinsung und Abschreibung	4	32	20	12	44	20	—	—	—	—	—	—
2. Unterhaltung	13	5	26	10	8	20	—	—	—	—	—	—
III. Betrieb und Verwaltung												
1. Betriebs- und Verkehrspersonal	—	—	—	—	—	—	42	7	11	18	15	37
2. Betriebsstoffe	6	36	24	26	16	16	—	—	—	—	—	—
3. Verwaltung	—	—	—	—	—	—	6	—	4	5	7	3
Demnach sind von der Erhöhung der Geschwindigkeit von den Gesamtkosten												
1. Abhängig . . . . . %	52	93	85	77	68	56	—	—	—	—	—	—
2. Unabhängig . . . . %	—	—	—	—	—	—	48	7	15	23	32	44

[1]) Mit Verzinsung des Weges.

der Reisegeschwindigkeit abhängig, ein anderer Teil unabhängig. Wie verschiedenartig der Anteil dieser abhängigen und unabhängigen Kosten an den gesamten Selbstkosten bei den verschiedenen Verkehrsmitteln gelagert ist, zeigt Tabelle 4. In ihr sind die Kostenarten der Selbstkosten des heutigen Grundverkehrs nach Fahrweg, Fahrzeugen sowie Betrieb und Verwaltung anteilmäßig für die Gesamtkosten der verschiedenen Verkehrsmittel angegeben[1]) und nach den von der Erhöhung der Geschwindigkeit abhängigen und unabhängigen Kosten verteilt. Das Verhältnis der Anteilsumme der abhängigen und unabhängigen Kostenarten an den Gesamtkosten charakterisiert die Kostenempfindlichkeit der verschiedenen Verkehrsmittel gegenüber einer Geschwindigkeitserhöhung. Je höher der Anteil der abhängigen Kostenarten an den Gesamtkosten ist, um so empfindlicher ist ein Verkehrsmittel wirtschaftlich gesehen gegenüber Geschwindigkeitssteigerungen und damit gegenüber dem Schnellverkehr. Je geringer er ist, um so unempfindlicher ist das Verkehrsmittel.

Wir sehen, daß Eisenbahnen, Seeschiffahrt und Flugzeugverkehr mit ihrem verhältnismäßig hohen Anteil der unabhängigen Kostenarten am unempfindlichsten sind, der Kraftwagen dagegen am empfindlichsten ist. Für die Beurteilung der Bedeutung dieser Kostenempfindlichkeit ist hier grundsätzlich von Wichtigkeit, einen Unterschied zu treffen zwischen Verkehrsmitteln, bei denen heute bereits eine gewisse Abstimmung zwischen Weg und Fahrzeugen für den Schnellverkehr vorliegt, und solchen, bei denen diese Harmonie mit Rücksicht auf die technische Entwicklung noch nicht vorhanden ist. Zu den ersteren gehören die Eisenbahnen und die Verkehrsmittel mit natürlichem Fahrweg, also Seeschiffahrt und Flugzeugverkehr, zu letzteren der Kraftwagen, da bei ihm das vorhandene Straßennetz die Ausnutzung der im Fahrzeug liegenden höheren Geschwindigkeitsleistungen noch in keiner Weise gestattet.

Im ersteren Fall werden sich Weg und Fahrzeug für den Schnellverkehr mit wesentlich geringeren Veränderungen aufeinander abstimmen können. Bei der Seeschiffahrt und dem Flugzeugverkehr liegt diese Abstimmung sogar einseitig beim Fahrzeug, während der natürliche Weg nicht veränderungsfähig ist und daher das Fahrzeug sich nach seinem Zustand richten muß. Im zweiten Fall sind die technischen Ergänzungen von Weg und Fahrzeug deshalb wesentlich größer, weil der Weg einen großen Vorsprung des Fahrzeugs durch zum Teil völlig neue Linienführung einholen und darüber hinaus dem Fahrzeug noch eine weitere Steigerung der Geschwindigkeit gestatten muß. Dies führt nun seinerseits wieder dazu, daß die beim Straßenverkehr bisher gegebene schlechte Harmonie zwischen Weg und Fahrzeug, die nicht allein technische, sondern auch wirtschaftliche Nachteile mit sich brachte, durch eine wesentlich bessere Harmonie zwischen beiden ersetzt wird. Es kann sich dabei ergeben, daß die an sich sehr hohen Aufwendungen für die Neugestaltung des Wegs, in diesem Fall der Autobahnen, beispielsweise für die Unterhaltung der Fahrzeuge günstig wirken und diese trotz Erhöhung der Geschwindigkeiten vermindern können.

Es ist festzustellen und beleuchtet die Selbstkostendynamik aller mit dem Fahrzeug zusammenhängenden Kostenarten, daß bei allen Verkehrsmitteln die Kostenarten der Fahrzeuge und die Betriebsstoffe abhängig von der Erhöhung der Geschwindigkeit sind. Auf der anderen Seite sind für alle Verkehrsmittel unabhängig die Kostenarten des Betriebs- und Verkehrspersonals und der Verwaltung. Während nun aber bei den Landverkehrsmitteln auch die Kostenarten des Fahrwegs von der Erhöhung der Geschwindigkeit abhängig sind, sind sie bei der Seeschiffahrt und im Flugzeugverkehr unabhängig, weil der Zustand der Seehäfen und Flughäfen keiner Änderung bei Einführung höherer Geschwindigkeiten bedürfen.

Untersuchen wir nun im einzelnen die Verkehrsmittel daraufhin, wie bei der Erhöhung der Reisegeschwindigkeit sich die Selbstkosten verändern gegenüber dem Normal- oder Grundverkehr bei gleicher Nutzlast und gleicher jährlicher Leistung für das einzelne Verkehrsmittel, so empfiehlt es sich, die von der Erhöhung der Reisegeschwindigkeiten abhängigen Kosten nach Kapitalkosten (Verzinsung und Abschreibung von Weg und Fahrzeugen), Unterhaltungskosten und Betriebsstoffkosten zu unterteilen. Diese Gruppierung gestattet eine weitgehende Klärung der nicht einfach gelagerten betriebswirtschaftlichen Zusammenhänge zwischen Selbstkosten und Erhöhung der Reisegeschwindigkeiten.

[1]) Pirath, „Die Grundlagen der Verkehrswirtschaft". Berlin 1934.

Zwei grundsätzliche Unterschiede waren dabei für die Landverkehrsmittel einerseits und die Seeschiffahrt und den Flugzeugverkehr andererseits zu machen. Für die Landverkehrsmittel Eisenbahnen und Kraftwagen läßt sich der Kostenaufwand für den Kapitaldienst und die Unterhaltung des Wegs und der Fahrzeuge heute noch nicht genau erfassen, da noch keine genügenden Erfahrungen für diese erst im Ausbau begriffenen Verkehrsmittel im Schnellverkehr vorliegen. In der Seeschiffahrt und im Flugzeugverkehr liegen dagegen neben den praktischen Betriebserfahrungen über die Kosten im Grundverkehr auch solche über den Schnellverkehr vor, so daß für sie sich auch der Kostenaufwand für den Kapitaldienst und die Unterhaltung des Wegs und der Fahrzeuge rechnerisch für den Grund- und Schnellverkehr ermitteln läßt. Dagegen läßt sich für alle Verkehrsmittel der Aufwand für Betriebsstoffe im Grund- und Schnellverkehr feststellen, so daß in diesem Punkte unmittelbare Vergleiche zwischen der wirtschaftlichen Empfindlichkeit der Verkehrsmittel bei Einrichtung des Schnellverkehrs sich anstellen lassen.

Trotz der für den wirtschaftlichen Vergleich der Selbstkosten im Grund- und Schnellverkehr bei den Landverkehrsmitteln heute noch vorliegenden Schwierigkeiten lassen sich jedoch größenordnungsmäßig bei den Eisenbahnen und Straßen für den Weg und auch zum Teil für die Fahrzeuge gewisse Anhaltspunkte für die Mehrausgaben im Interesse des Schnellverkehrs gewinnen.

Die Ausgaben für die Herrichtung vorhandener zweigleisiger Hauptbahnstrecken der Deutschen Reichsbahn für Fahrgeschwindigkeiten von mehr als 120 km/h haben durchschnittlich betragen:

10800 RM./km für Flachlandbahnen,
13800 RM./km für Hügellandbahnen,
16800 RM./km für Gebirgsbahnen.

Hierin sind enthalten die Kosten für die Änderung der Sicherungsanlagen und der Übergangsbögen des Oberbaus in den Krümmungen sowie die Kosten für Linienverbesserungen. Für den Kraftwagenverkehr wird der Bau besonderer Autobahnen notwendig, da das vorhandene Straßennetz, selbst wenn reiner Kraftwagenverkehr auf ihnen möglich wäre, wegen der zahlreichen Krümmungen mit kleinen Halbmessern und der Ortsdurchfahrten nach den Ergebnissen der Deutschlandfahrt 1934 nur eine Reisegeschwindigkeit von 80 km/h, also noch keinen Schnellverkehr zuläßt. Der Kraftwagenverkehr für 120 km/h Reisegeschwindigkeit erfordert daher ein neues Straßennetz, wie es in den Reichsautobahnen entsteht. Ihre Anlagekosten schwanken zwischen 400000 RM./km im Flachland und 600000 RM./km im Hügelland, so daß im Vergleich zur Eisenbahn die Erhöhung der Reisegeschwindigkeiten oder der Schnellverkehr mittels Kraftwagen einen besonders hohen Aufwand und starke Kapitalinvestitionen für den Weg verlangt.

Einen Anhalt für die Erhöhung der Fahrzeugkosten durch Erhöhung der Reisegeschwindigkeiten geben Kostenvergleiche zwischen dem amerikanischen Pullmann-Eisenbahnzug mit einer Höchstgeschwindigkeit von 120 km/h und einem amerikanischen Schnelltriebwagen mit einer Höchstgeschwindigkeit von 170 km/h. Mit letzterem ist auf einer 1630 km langen Flach- und Hügellandstrecke eine Reisegeschwindigkeit von 124 km/h ohne Änderung des Oberbaus und der Linienführung erzielt worden[1]). Die Herstellungskosten je Platz bei dem Pullmann-Eisenbahnzug betragen 4000 RM. (1 Doll. = 4,20 RM. gerechnet), beim Triebwagen 5300 RM. Das Gewicht je Platz beträgt beim Pullmann-Eisenbahnzug 2,07 t, beim Triebwagen nur 0,42 t. Wenn trotzdem die Kosten je Platz beim Triebwagen so hoch liegen, so ist das erstens auf das verwendete hochwertige Aluminiumleichtmetall und die Verarbeitung der Außenhaut zur Verminderung des Luftwiderstands zurückzuführen, dann aber auch darauf, daß der Triebwagen als Prototyp mit Entwicklungskosten noch stark belastet ist. Berücksichtigt man, daß die Entwicklungskosten bei serienmäßiger Herstellung von Triebwagen im wesentlichen fortfallen werden, so dürfte der Schluß berechtigt sein, daß die Herstellungskosten je Platz für beide Zugarten kaum unterschiedlich sein werden. Wie die Herstellungskosten sich bei den Kraftwagen für den Schnellverkehr entwickeln werden, läßt sich noch nicht genügend übersehen, da hoch leistungsfähige Fahrzeuge für den Schnellverkehr noch nicht gebaut sind.

Auf Grund dieser Überlegungen konnten nun praktisch zuverlässige Werte für den Einfluß der Erhöhung der Reisegeschwindigkeit auf die Einzelkosten und Gesamtkosten der verschiedenen Verkehrsmittel nur so weit aufgestellt werden, wie sie aus Tabelle 4 ersichtlich sind.

---

[1]) Zeitschrift des Vereins Mitteleuropäischer Eisenbahnverwaltungen Nr. 28/1934.

Bei allen Verkehrsmitteln tritt bei gleicher Nutzladefähigkeit und Jahresleistung im Grund- und Schnellverkehr eine Erhöhung der Selbstkosten durch den Schnellverkehr bei der in der Tabelle angegebenen praktisch möglichen Erhöhung der Reisegeschwindigkeiten ein. Die Erhöhung der gesamten Selbstkosten durch die Betriebsstoffkosten allein ist im Flugzeugverkehr am geringsten, im Schiffahrtsverkehr am größten. Aus dem Vergleich zwischen der Kostenerhöhung durch Betriebsstoffe für normale oder bisherige Fahrzeugformen bei Kraftwagen und der Stromlinienform ergibt sich für den Kraftwagen die große betriebswirtschaftliche Bedeutung seiner Ausbildung nach dem Prinzip des geringsten Luftwiderstands, wie sie die Stromlinienform ermöglicht. Die verhältnismäßig geringe Kostenerhöhung der gesamten Selbstkosten durch Betriebsstoffkosten beim Flugzeugverkehr erklärt sich aus der bei den Schnellflugzeugen besonders sorgfältig und mit Erfolg angewandten aerodynamisch günstigsten Formgestaltung der Flugzeuge, die allerdings höhere Kapitalkosten für die Flugzeuge verursacht. Letzteres findet seinen Ausdruck in der Erhöhung der Gesamtkosten im Flugzeugverkehr (Spalte 9). Aber auch dieses Maß dürfte noch niedriger werden, wenn die hohen Entwicklungskosten, die heute noch die Preise der Schnellflugzeuge belasten, später im wesentlichen fortfallen können. Daß bei der Überseeschiffahrt die Erhöhung der Gesamtkosten infolge Erhöhung der Reisegeschwindigkeit wesentlich höher liegt als im Luftverkehr, ist vor allen Dingen darauf zurückzuführen, daß die Erhöhung der Geschwindigkeit bei Seeschiffen bei gleicher Nutzladefähigkeit eine wesentliche Vergrößerung des Schiffskörpers notwendig macht.

Werden die für den Schnellverkehr auf Eisenbahnen gemachten größenordnungsmäßigen Angaben über die mit der Erhöhung der Reisegeschwindigkeit verbundenen Kapitalinvestitionen für den Weg und die Fahrzeuge sinngemäß berücksichtigt, so läßt sich mit Zuverlässigkeit sagen, daß die Einführung des Schnellverkehrs auf Eisenbahnen die geringste Erhöhung der gesamten Selbstkosten verursacht, und daß dem Eisenbahnverkehr der Schnellverkehr in der Luft am nächsten kommt. Das dürfte zu der Schlußfolgerung berechtigen, daß für besonders hohe Geschwindigkeiten und weite Entfernungen der Luftverkehr die wirtschaftlich günstigsten Voraussetzungen erfüllt, und daß daher der Schnellverkehr in der Luft auch vom Standpunkt der Wirtschaftlichkeit im Vergleich mit anderen Verkehrsmitteln besondere Förderung verdient.

Die Ermittlung der Mehrkosten im Schnelluftverkehr gegenüber dem Grundverkehr bezog sich auf Flugzeuge mit Höchstgeschwindigkeiten von 360 km/h bzw. 200 km/h. Auf Grund der Untersuchungen über das zweckmäßigste Vorsprungsmaß im Schnellverkehr in der Luft gegenüber den Landverkehrsmitteln ist jedoch festgestellt worden, daß über die Höchstgeschwindigkeit von 360 km/h zum Teil hinausgegangen werden muß, wenn ein 5—6facher Vorsprung im Luftverkehr gegenüber dem zukünftigen Schnellverkehr auf Eisenbahnen und Autobahnen erzielt werden soll. Es ist daher die Frage noch zu stellen, ob bei einer weiteren Erhöhung der Höchstgeschwindigkeiten der Flugzeuge eine ähnliche Steigerung der Mehrkosten im Schnelluftverkehr zu erwarten ist, wie sie bei den bisherigen Untersuchungen festzustellen war. Zur Beantwortung dieser Frage gibt die Mehrkostenanalyse der Tabelle 5 für den Schnelluftverkehr die nötigen Anhaltspunkte. Sie zeigt ein charakteristisches Bild. Die Steigerung der Gesamtkosten des Schnelluftverkehrs durch die reinen Mehrkosten für Betriebsstoffe ist nur sehr gering, da durch die wesentlich verbesserte aerodynamische Gestaltung des Schnellflugzeugs der Gesamtwiderstand trotz der höheren Geschwindigkeiten nur wenig höher liegt als der des langsamen Flugzeugs. Auf der anderen Seite hat aber die sorgfältige aerodynamisch günstige Formgebung des Schnellflugzeugs die Kapital- oder Herstellungskosten des Flugzeugs so wesentlich erhöht und auch die laufenden Unterhaltungskosten gesteigert, daß auf den Kapitaldienst und die Unterhaltung der weit überwiegende Anteil der Mehrkosten von 19% entfällt. Es ist zu erwarten, daß bei weiteren Steigerungen der Geschwindigkeiten über die oben zugrunde gelegte Höchstgeschwindigkeit von 360 km/h hinaus eine wesentliche Verbesserung der aerodynamisch günstigsten Form für das Schnellflugzeug und damit eine Steigerung der Kapital- und Unterhaltungskosten kaum eintreten wird, daß dagegen die Betriebskosten sich nahezu im Quadrat der Geschwindigkeitszunahme erhöhen werden.

Diese Überlegung wird für eine zweckmäßige Steigerung der Geschwindigkeit der Schnellflugzeuge im Wettbewerb mit den in der Zukunft zu erwartenden höheren Geschwindigkeiten der mit dem Luftverkehr im Wettbewerb stehenden Landverkehrsmittel zu berück-

Tabelle 5. **Erhöhung der Selbstkosten der Verkehrsmittel in Abhängigkeit von der Verbesserung der Reisegeschwindigkeit (V_r)**

Verkehrsmittel	Erhöhung der Reisegeschwindigkeit (V_r)			Durch die Erhöhung der Reisegeschwindigkeit (V_r) erhöhen sich die				
				Kapitalkosten (Verzinsung und Abschreibung)	Unterhaltungskosten	Betriebsstoffkosten	Gesamtkosten durch die Erhöhung der Betriebsstoffkosten (Spalte 7)	Gesamtkosten durch die Erhöhung der Kosten (Spalte 5 + 6 + 7)
	von km/h	auf km/h	um %	um %	um %	um %	um %	um %
1	2	3	4	5	6	7	8	9
1. Eisenbahn Stromlinienzug[1])	80	120	50	—	—	31	2	—
2. Kraftwagen (Limousine) a) Bisherige Form der Fahrzeuge	80	120	50	—	—	69	17	—
b) Stromlinienform der Fahrzeuge[2])	80	120	50	—	—	30	8	—
3. Überseedampfer (10000 t Nutzlast)[3])	18,5	26,0	40	41	41	83	13	34
4. Flugzeug	150	250	65	73	19	10	1,2	19

sichtigen sein. Es ist nicht ausgeschlossen, daß dann die Zunahme der Mehrkosten im Schnellverkehr in der Luft in stärkerem Maße, als sie bei der bisherigen Entwicklung zum Schnellverkehr festgestellt wurden, eintreten wird. Die Weiterentwicklung des Schnellverkehrs in der Luft wird unter diesem Gesichtspunkt sorgfältig zu beobachten und zu untersuchen sein, damit nicht durch eine zu starke Steigerung der Selbstkosten, vor allem im Betriebsstoffverbrauch, der Schnellverkehr in der Luft in seiner wirtschaftlichen Entwicklung gehemmt wird. In dieser Richtung liegt eines der bedeutendsten, wenn nicht überhaupt das bedeutendste Problem für die Flugzeugkonstruktion, die mit den technisch geeigneten Mitteln dem physikalischen Grundgesetz von dem ungefähr mit dem Quadrat der Geschwindigkeit zunehmenden Bewegungswiderstand seine für die Wirtschaftlichkeit im Schnellverkehr in der Luft ungünstigen Auswirkungen möglichst nehmen muß. Es wird von der Geschlossenheit und der Einheit des zukünftigen Schnellverkehrs auf Eisenbahnen und Straßen im europäischen Kontinent abhängen, welche Fluggeschwindigkeiten dann wirtschaftlich notwendig und tragbar sind, um dem Luftverkehr einen genügenden Vorsprung in der Reisegeschwindigkeit zu sichern. Vielleicht wird sich in späterer Zukunft für den Schnellverkehr in normalen Lufthöhen eine Grenze ergeben, an der ihn der Stratosphärenflug für besonders weite Strecken aus wirtschaftlichen Gründen ablöst.

Die in der Tabelle 5 enthaltenen Mehrkosten für den Schnellverkehr beziehen sich, wie bereits erwähnt, auf gleiche Nutzladefähigkeit und gleiche Jahresleistungen im Grund- und Schnellverkehr. Durch die höheren Geschwindigkeiten im Schnellverkehr können aber nun je nach den Betriebs- und Verkehrsverhältnissen höhere Jahresleistungen erzielt und damit die Einheitsselbstkosten für das angebotene Personen- und Nutz-tkm gesenkt werden. Das bedeutet, daß die Mehrkosten im Schnellverkehr durch höhere Jahresleistungen und Mehreinnahmen nicht allein ausgeglichen werden können, sondern darüber hinaus ein wirtschaftlicher Vorteil gegenüber dem Grundverkehr erzielt wird.

Erkennen wir somit die Berechtigung und die Vorzüge des Schnellverkehrs in bezug auf eine wirtschaftlichere Gestaltung des Verkehrs an, so liegt die Frage nahe, wie speziell für den Luftverkehr, der im heutigen Grundverkehr seine Selbstkosten nur zu 35—45 % durch Verkehrseinnahmen deckt, die Tarife gegenüber den konkurrierenden Verkehrsmitteln gelagert sind. Hierüber gibt Tabelle 6 Aufschluß für kontinentale Verkehrslinien. Sie läßt erkennen, daß heute die Luftverkehrstarife gegenüber den Eisenbahnen im Personenverkehr ungefähr den Tarifen I. Klasse entsprechen, daß sie im Fracht-

[1]) Railway Age 1932, Vol. 92, S. 241.

[2]) W. Kamm, „Einfluß der Reichsautobahnen auf die Gestaltung der Kraftfahrzeuge". Automobiltechnische Zeitschrift Nr. 13/1934.

[3]) Rettich, „Vorfragen der Reederei-Finanzierung". Verlag Hinstorff, Rostock 1933.

Tabelle 6. **Tarife im Luftverkehr gegenüber den konkurrierenden Verkehrsmitteln im kontinentalen Verkehr im Jahre 1934**

Verkehrsbeziehungen	Flugzeug			Eisenbahn				Seeschiff		
	Personenverkehr	Postverkehr Briefpost gesamt	Frachtverkehr	Fernpersonenverkehr I. Kl.	Fernpersonenverkehr II. Kl.	Postverkehr Briefpost gesamt	Frachtverkehr	Personenverkehr I. Kl.	Postverkehr Briefpost gesamt	Frachtverkehr
	RM/Pkm	RM/tkm	RM/tkm	RM/Pkm	RM/Pkm	RM/tkm	RM/tkm	RM/Pkm	RM/tkm	RM/tkm
	2	3	4	5	6	7	8	9	10	11
Berlin—Rom	0,10	17,30	1,30	0,097	0,067	8,79	0,16	—	—	—
Berlin—Moskau . . .	0,11	13,94	1,39	0,071	0,058	7,97	0,17	—	—	—
Berlin—Paris	0,13	26,40	1,97	0,088	0,060	14,04	0,24	—	—	—
Hamburg—London .	0,15	28,75	1,78	0,110	0,081	17,30	0,24	0,08	13,90	0,030
Hamburg—Oslo . . .	0,17	30,40	1,76	—	—	—	—	0,08	18,75	0,042
Rom—Barcelona . .	0,12	25,30	2,29	0,076	0,061	11,04	0,11	0,14	—	0,073
Rußland westlich des Urals.	0,28	36,20	4,44	0,074	0,060	9,70	0,31	—	—	—
Rußland östlich des Urals.	0,91	24,50	11,55	0,090	0,060	6,47	0,31	—	—	—

verkehr bereits 8—10mal höher sind, dagegen im Postverkehr nur das 1,6—2,0fache betragen. Im Vergleich mit dem Überseeverkehr sind die Unterschiede ungefähr die gleichen wie bei den Eisenbahnen.

Wenn im kontinentalen Luftverkehr bei diesen Tarifen eine Ausnutzung der angebotenen Nutzladefähigkeit von 45—55 % erzielt werden konnte, so wird bei Einführung des Schnellverkehrs in der Luft mit Rücksicht auf die gebotenen größeren Reisegeschwindigkeiten eine gewisse Erhöhung der Tarife vorgesehen werden können. In der Tat konnten auf der ersten europäischen Schnellverkehrsstrecke Zürich—Wien, die von der Schweizerischen Luftverkehrsgesellschaft Swissair betrieben wird, die Luftverkehrstarife für Personen und Gepäck um 15 % und für Frachtbeförderung um 20—30 % erhöht werden, ohne daß eine Abwanderung des Verkehrs eintrat. Es wurde im Gegenteil die Ausnutzung der Nutzladefähigkeit der Schnellflugzeuge trotz der höheren Tarife verbessert.

Es ist zu erwarten, daß auch auf anderen europäischen Luftverkehrslinien bei der Einrichtung des Schnellverkehrs auf diese Weise die Einnahmen im Luftverkehr erhöht und damit der Luftverkehr selbst wirtschaftlicher gestaltet werden kann. Je größer die Transportweiten dabei im Luftverkehr sein werden, um so eher wird eine Erhöhung der Tarife im Schnelluftverkehr sich rechtfertigen lassen ohne Drosselung des Verkehrsbedürfnisses. Hierzu geben die Zahlen der Tabelle 6 für die großen russischen Eisenbahn- und Luftverkehrslinien einen gewissen Anhalt.

Es ist selbstverständlich, daß die Luftverkehrsunternehmungen nicht allein über den Weg der Tariferhöhungen einen Ausgleich zwischen Ausgaben und Einnahmen herzustellen versuchen, sondern daß außerdem durch Senkung der Selbstkosten die heutige verhältnismäßig große Spanne zwischen Ausgaben und Einnahmen verringert werden muß. Die Untersuchungen über den Schnellverkehr haben Mittel und Wege gezeigt, wie in dieser Richtung Erfolge erzielt werden können. Nicht zum wenigsten werden aber auch hierzu die erforderlichen Voraussetzungen organisatorischer Art geschaffen werden müssen.

VI. Organisatorische Voraussetzungen für den Schnellverkehr

Der Schnellverkehr in der Luft führt auf größeren Reiseweiten zu einer starken Verkürzung der im bisherigen Grundverkehr der Landverkehrsmittel üblichen zeitlichen Entfernung um 70—80 %. Gegenüber dem Überseeverkehr kann dieses Maß sogar bis zu 80—90 % steigen. Der Schnellverkehr zu Land auf Eisenbahnen und Autostraßen wird die zeitlichen Entfernungen um 30—40 % gegenüber dem Grundverkehr verkürzen. Das führt ganz allgemein zu einer Schrumpfung der räumlichen Entfernungen, die ganz bestimmte organisatorische Maßnahmen zur Beseitigung besonderer Schwierigkeiten für den Schnellverkehr erfordert.

Wenn wir in der Organisation der Verkehrsmittel die richtige Zusammenarbeit aller Kräfte sehen, die der Erfüllung des Verkehrszwecks, in unserem Falle dem Schnellverkehr, dienen, so werden mit der Steigerung der Reisegeschwindigkeit auch die wachsenden Räume einer wirksamen Verkehrsfreiheit und Verkehrseinheit unterworfen werden müssen, wobei alle Grenzen der Politik und des regionalen Bereichs der Verkehrsunternehmungen möglichst wenig Hemmungen verursachen dürfen und weit gesteckt sein müssen. Für Europa bestehen zur Erfüllung dieser Forderung ganz besonders schwierige Verhältnisse. Wenn sie auch für den Schnellverkehr der Landverkehrsmittel nicht in gleich hohem Maße zutreffen wie für den auf große internationale Reichweiten besonders angewiesenen Luftverkehr, so liegen doch auch für die Auswertung der heutigen, technisch möglichen Geschwindigkeitssteigerungen auf Eisenbahnen und Straßen schon gewisse Hemmungen vor, sobald die Schnellverkehrslinien an die Grenzen des Landes stoßen.

Zunächst liegt für den Raum einer Volkswirtschaft bereits ein wichtiger Fortschritt darin, wenn die einzelnen Wirtschafts- und Geschäftszentren im Schnellverkehr der Eisenbahnen und Straßen ein Mittel zur zweckmäßigen Zusammenarbeit erhalten können. Ein voller Erfolg wird hierbei aber nur zu erzielen sein, wenn ein möglichst einheitliches Netz von Schnellverkehrsverbindungen über das ganze Land gezogen wird und damit eine gleichmäßige Bedienung aller Stellen der Volkswirtschaft, die auf schnellsten Transport besonders großen Wert legen, gewährleistet wird. Es liegt durchaus im Sinn der großen Bedeutung der Verkehrsmittel für die Allgemeinheit, wenn möglichst alle wichtigen Teile der Volkswirtschaft der Vorteile einer schnellen Verbindung teilhaftig werden. Unter Ausnutzung und unter Verwendung der durchweg für den Schnellverkehr geeigneten Haupteisenbahnen der verschiedenen Länder wird dies in erster Linie für den Eisenbahnverkehr möglich sein, nachdem die Schnelltriebwagen heute betriebstüchtig entwickelt sind. Wesentlich länger wird es für den Kraftwagenverkehr dauern, da es einer gewaltigen Kraftanstrengung zur Herstellung eines völlig neuen Straßennetzes für den Schnellverkehr bedarf. Für dieses ist die Einheitlichkeit der Planung des gesamten für das Gebiet einer Volkswirtschaft in Frage kommenden Autobahnnetzes eine der wichtigsten organisatorischen Voraussetzungen.

Es würde aber ein Schnellverkehrsnetz für Eisenbahnen und Straßen nicht seinen vollen Aufgaben gerecht werden können, wenn sich der Schnellverkehr an den mehr oder weniger engen Landesgrenzen totläuft und über sie hinaus wegen technischer Rückständigkeit des Eisenbahn- und Straßenwesens der Nachbarländer keine praktische Fortsetzung finden würde. Der Aufbau des Schnellverkehrs auf den Eisenbahnen und Straßen einzelner Länder hat das Problem einer allmählichen Beteiligung aller Länder am Aufbau von Schnellverkehrsstrecken ausgelöst und die Planung eines einheitlichen Schnellverkehrsnetzes für Eisenbahnen und Straßen sowie die Milderung der aus den politischen Grenzen sich ergebenden Hemmungen in den Brennpunkt internationaler Zusammenarbeit auf dem Gebiet des Verkehrswesens gerückt.

In noch weit höherem Maße als eine internationale Zusammenarbeit der europäischen Länder für den Schnellverkehr zu Land notwendig ist, trifft sie zu für den Schnellverkehr in der Luft. Denn wenn unsere bisherigen Untersuchungen über das wirtschaftlich zweckmäßigste Vorsprungsmaß des Schnellverkehrs in der Luft gegenüber dem Landverkehr gezeigt haben, daß das beste Vorsprungsmaß am einfachsten und billigsten auf den großen Kontinentalstrecken, weniger im innerstaatlichen Landverkehr Europas erzielt werden kann, so wird dieser Vorzug des Schnelluftverkehrs nur praktisch werden können auf Grund eines einheitlich gestalteten kontinentalen Netzes für den Schnellverkehr in der Luft Europas. Für dieses Netz werden die politischen Grenzen nur in der Gestalt der Zollgrenzen wirksam sein dürfen, dagegen in der technisch guten Ausgestaltung aller für den Schnellverkehr wesentlichen Anlagen der Flughäfen und Flugsicherung praktisch nicht vorhanden sein dürfen. Auch hier ist demnach die Schaffung eines einheitlichen Schnellverkehrsnetzes in der Luft durch den gesamten europäischen Raum eine wesentliche organisatorische Voraussetzung für die volle Ausschöpfung der im Schnellverkehr liegenden Vorzüge für die Allgemeinheit.

Es ist durchaus die Annahme berechtigt, daß die europäischen Länder, nachdem bereits im bisherigen Luftverkehr eine bemerkenswerte Solidarität im Aufbau des europäischen Luftverkehrs sich gezeigt hat, auch in der Herrichtung des Schnellverkehrsnetzes den Weg einmütiger Zusammenarbeit beschreiten werden. Es würde ein solcher Weg jedem einzelnen Land nur von Nutzen sein, aber auch die Lebensmöglichkeit des Schnellverkehrs in der Luft in erster Linie bedingen. Sehen wir in dem kontinentalen Schnelluftverkehrsnetz die Ausgangszelle für den Weltluftverkehr, so wird es gerade für Europa lebensnotwendig sein, in aller Einmütigkeit diese Zellen möglichst stark aufzubauen, wenn nicht die Vereinigten Staaten von Amerika mit ihrer großen politischen und wirtschaftlichen Einheit im Aufbau des Weltluftverkehrs allein führend werden sollen.

Müssen wir somit im Interesse eines Schnellverkehrs auf großen Raumweiten vor allem für den Luftverkehr die Freiheit der politischen Grenzen als wichtige organisatorische Voraussetzung ansehen, so darf sich andererseits aus der Größe und Vielgestaltigkeit der Verkehrsunternehmungen keine Drosselung des Willens zum Schnellverkehr entwickeln. Es läßt sich die Notwendigkeit dieser Forderung kaum einleuchtender vor Augen führen als durch den Hinweis auf die Aufbauarbeit im Schnellverkehr der Landverkehrsmittel in Deutschland. Die große wirtschaftliche und räumliche Einheit der Deutschen Reichsbahn gestattete es nach dem einmal gefaßten Beschluß zur Einführung von Schnelltriebwagen, für das gesamte Gebiet des Deutschen Reiches einen einheitlichen Plan für die Schnellverkehrsstrecken aufzustellen und seine Durchführung auf die kürzeste Zeitspanne zu beschränken. In anderen europäischen Ländern, in denen mehrere Eisenbahngesellschaften vorhanden sind, ist der Wille zum Aufbau des Schnellverkehrs nicht einheitlich und kann trotz gewisser Einzelbestrebungen nur schwer zu einem das ganze Land angehenden Erfolg gelangen. Ähnlich wirkt sich auch die einheitlich geleitete deutsche Straßenpolitik aus, trotzdem auf diesem Gebiet allerdings in den meisten europäischen Ländern eine zentrale Leitung für das Fernstraßennetz des ganzen Landes vorhanden ist.

Die Verteilung der Verkehrsbedienung eines Landes auf mehrere Unternehmungen, wie sie im Eisenbahnwesen noch in verschiedenen Ländern vorherrschend ist, würde beim Schnellverkehr in der Luft zu den größten organisatorischen Schwierigkeiten führen. Eine Ausschöpfung der durch die Flugzeuge gewonnenen Steigerungen der Reisegeschwindigkeit auf große Entfernungen wäre fast unmöglich. In richtiger Erkenntnis dieser Schwierigkeiten war es von jeher ein wichtiger organisatorischer Grundsatz, die Luftverkehrsunternehmungen möglichst umfassend zu machen und für die einzelnen europäischen Länder Einheitsgesellschaften für jedes Land vorzusehen. Soweit verschiedene Länder diesem Grundsatz von vornherein nicht gefolgt sind, haben sich auf Grund praktischer Erfahrungen im Laufe der Zeit die verschiedenen Gesellschaften des Luftverkehrs eines Landes zu einer nationalen Einheitsgesellschaft zusammengeschlossen, um die Schlagkraft und die Leistungsfähigkeit des nationalen Luftverkehrs zu stärken. Diesen Weg sind Frankreich, Italien und die Schweiz in den letzten Jahren gegangen, während in den übrigen Hauptluftverkehrsländern Europas schon seit längerer Zeit eine Einheitsgesellschaft vorhanden war.

Wenn die Entwicklung nach der Einheitsgesellschaft eines Landes sich bereits für den bisherigen Luftverkehr durchsetzen konnte, so ist sie um so notwendiger für den Schnellverkehr. Er verträgt keine zu weitgehende Zersplitterung der Verkehrs- und Betriebsleistungen auf eine große Zahl von Gesellschaften. Der Schnellverkehr in der Luft wird für Europa am wirkungsvollsten aufgezogen werden können, wenn jedes Land nur mit seiner Einheitsgesellschaft am europäischen Luftverkehr beteiligt ist. Das einheitliche Ziel, im kontinentalen Luftverkehr Europas den Vorsprung in der Reisezeit gegenüber den übrigen Verkehrsmitteln möglichst zu vergrößern, wird von keiner dieser Gesellschaften im Landes- und eigenen Interesse abgelehnt werden. Die Mittel und Wege, dieses Ziel zu erreichen, werden in engster internationaler Zusammenarbeit gefunden werden müssen.

Aber ebensowenig wie in dem raumweiten Überseeverkehr eine internationale Verkehrsgesellschaft der Seeschiffahrt in der Lage gewesen wäre, die gemeinsamen Ziele aller Länder im Überseeverkehr mit Erfolg zu verfolgen, ebensowenig wird eine internationale Luftverkehrsgesellschaft für den kontinentalen Luftverkehr Europas irgendwelche Vorzüge gegenüber der Zusammenarbeit der nationalen Einheitsgesellschaften im Luftverkehr haben können. Die Tatsachen der Verkehrsgeschichte und der Verkehrswirtschaft haben immer wieder gezeigt, daß jedes Verkehrsunternehmen die Wurzeln seiner Kraft im nationalen Boden seines Heimatlandes suchen muß. Jeglicher Verkehr ist organisatorisch fundiert in der wirtschaftspolitischen Macht der Nationen. Die Tatsache, daß die Weltwirtschaft aus den Volkswirtschaften der Länder besteht, führt zwangläufig auch zu dem nationalen Nährboden aller Verkehrsmittel. Was in dieser Beziehung klar in der Seeschiffahrt zutage getreten ist, ist auch für den Luftverkehr maßgebend und selbstverständlich. Und wenn wir für den Schnellverkehr in der Luft eine enge Zusammenarbeit der europäischen Luftverkehrsgesellschaften verlangen müssen, so wird diese Zusammenarbeit am wirksamsten sein, wenn hinter jeder der Gesellschaften der Staat steht, für den sie sich verantwortlich fühlen muß, und der ihr aus seinem eigenen Willen heraus die finanzielle und ideelle Unterstützung leiht, die heute und auch in der Zukunft der Luftverkehr nicht entbehren kann.

Noch ein Umstand scheint mir aber für die Erhaltung der nationalen Luftverkehrsgesellschaften wichtig zu sein. In dem Bestreben, die Erdteile auf dem Luftwege zu verbinden, wird die Überwindung der großen Schwierigkeiten, die hier noch zu meistern sind, sich auf die nationalen Energien und ihre irrationalen Kräfte stützen müssen. Der Wettbewerb, der hier unter den verschiedenen Luftverkehrsländern eingesetzt und sie zu selbständiger Erprobung der verschiedenen Möglichkeiten angespornt hat, hat in ungeahnt kurzer Zeit bereits Früchte getragen, die eine äußerlich noch so straff organisierte internationale Gesellschaft nicht gezeitigt haben würde. Nach allen Himmelsrichtungen stoßen die nationalen Einheitsgesellschaften in den Erdraum vor, die Richtung am stärksten verfolgend, in der ihr ureigenes nationales und wirtschaftliches Interesse liegt. So wird eine Versuchs- und Aufbauarbeit mit gemeinsamem Ziel aber auf getrennten Wegen geleistet, die für den Enderfolg des Luftverkehrs nur wertvoll sein kann. Vielleicht erklärt sich hieraus nicht zum wenigsten, daß die Vereinigten Staaten von Amerika als zwar großes aber fast einziges Luftverkehrsland im amerikanischen Kontinent bis heute an dem Aufbau des Weltluftliniennetzes bei weitem nicht die Pionierarbeit geleistet haben wie die wesentlich kleineren europäischen Länder.

Die Unternehmungsform für die Entwicklung des Schnellverkehrs ist für die Eisenbahnen und Straßen eindeutig festgelegt durch die in den verschiedenen Ländern herrschenden Anschauungen über die zweckmäßigste Unternehmungsform für allgemeine Verkehrsmittel. Bei den Eisenbahnen sind es zum Teil staatliche, zum Teil private Unternehmungen, bei den Straßen übernimmt die Einrichtung der Wege eine staatliche Organisation, während der Verkehr in privaten und staatlichen Händen ist. Für den Luftverkehr kann die Unternehmungsform nicht zweifelhaft sein. Da er über die Grenzen eines Landes in der Regel hinausreicht, so kommt für ihn die private Wirtschaftsform in Frage, da sie allein im Bereich des internationalen Verkehrs die genügende Bewegungsfreiheit und Initiative gestattet, um im Wettbewerb mit anderen nationalen Verkehrsunternehmungen bestehen zu können. In diesem Sinn hat sich bisher schon im Luftverkehr die Unternehmungsform entwickelt, sie wird auch für den Aufbau des Schnellverkehrs allein in Frage kommen.

VII. Schlußfolgerungen

Der Schnellverkehr im Verkehrswesen hat in den letzten Jahren auf Grund des technischen Fortschritts eine starke Dynamik in die Zeitbegriffe für die Raumüberwindung gebracht. Diese gleichzeitig bei fast allen wichtigen Verkehrsmitteln auftretende Entwicklung wird vom Standpunkt des Verkehrsbedürfnisses oder der Nachfrage im Verkehrswesen ganz allgemein gestützt und begründet durch den ewig lebendigen Drang des abendländischen Menschen nach möglichst schneller Zurücklegung räumlicher Entfernungen. Speziell für den Luftverkehr wird der Schnellverkehr um so mehr eine Lebensnotwendigkeit, als er in einem möglichst großen Vorsprung in der Reisegeschwindigkeit vor den im Schnellverkehr heute besonders stark nachdrängenden Eisenbahnen und Kraftwagen einen genügenden Ausgleich für seine verhältnismäßig hohen Transportkosten finden muß.

Um diesen Ausgleich zu erzielen, wird es die Aufgabe des Luftverkehrs sein müssen, einen mindestens 5—6fachen Zeitvorsprung vor den mit ihm in Wettbewerb stehenden Landverkehrsmitteln und einen mindestens 6—7fachen Zeitvorsprung gegenüber dem Überseeverkehr in den Hauptverkehrsverbindungen zu erhalten. Der heutige Luftverkehr entspricht dieser Forderung in der Hauptsache noch nicht, doch berechtigen die Fortschritte im bisherigen praktischen Schnellverkehr in der Luft zu der Annahme, daß sie bald erfüllt wird. Im Rahmen des gesamten Verkehrswesens lassen sich für die Zukunft zwei charakteristische Zonen für den Schnellverkehr über Kontinenten unterscheiden: Eine Nahzone von 0—500 km, in der der Schnellverkehr auf Eisenbahnen und Autobahnen besondere Vorzüge aufweist, und eine Fernzone von 500 km und mehr, in der der Schnellverkehr in der Luft seine eigentliche Domäne haben wird.

Der Flugzeugkonstruktion und der Flugsicherung erwachsen beim Aufbau des Schnellverkehrs noch besondere Aufgaben auf den bereits beschrittenen Wegen einer möglichst günstigen aerodynamischen Gestaltung der Flugzeuge, wirtschaftlichen Bemessung der Motorenstärke und der Harmonie im Zusammenspiel zwischen Fahrzeugen und Flughäfen beim Landen und Starten. Im Vergleich zu den übrigen dem Schnellverkehr sich widmenden Verkehrsmitteln sind die technischen und betrieblichen Voraussetzungen für den Schnellverkehr in der Luft günstig gelagert. Dabei ist es vor allen Dingen von Vorteil, daß die mit der Steigerung der Geschwindigkeit verbundene Entwicklungsarbeit sich allein auf das Fahrzeug konzentrieren kann, da der Weg in Gestalt des Luftmediums und der Flughäfen im wesentlichen als gegebene Größen angesehen werden kann.

Der wirtschaftliche Vergleich zwischen dem Schnellverkehr in der Luft und dem Schnellverkehr anderer Verkehrsmittel zeigt die besondere Eignung des Luftverkehrs für hohe Reisegeschwindigkeiten gegenüber den Landverkehrsmitteln. Infolge der freien, nach dem Prinzip des geringsten Widerstands möglichen Gestaltung der Flugzeuge, kann die mit der Steigerung der Geschwindigkeit grundsätzlich verbundene Steigerung der Gesamtwiderstände bei der Fortbewegung gegenüber den Landfahrzeugen verhältnismäßig niedrig gehalten werden. Dies sowie die allein beim Flugzeug und nicht beim Luftweg notwendige Investition von Kapitalkosten führen zwar zu einer Steigerung der Gesamtkosten im Schnellverkehr der Luft, die aber, abgesehen von den Eisenbahnen, wesentlich niedriger ist als bei den übrigen Verkehrsmitteln. Für eine weitere Steigerung der Geschwindigkeiten im Schnellverkehr, die über die Höchstgeschwindigkeiten heutiger Schnellflugzeuge wesentlich hinausgehen, wird zu berücksichtigen sein, daß mit der Zunahme der Geschwindigkeiten die Kapitalkosten und die Unterhaltungskosten in ihrem Anteil an den Mehrkosten zurücktreten werden gegenüber den dann voraussichtlich stark zunehmenden Betriebsstoffkosten. Es wird von der Geschlossenheit und der Einheit des zukünftigen Schnellverkehrs auf Eisenbahnen und Straßen im europäischen und nordamerikanischen Kontinent abhängen, welche Höchstgeschwindigkeiten im Luftverkehr in späterer Zukunft zweckmäßig und notwendig sind.

Die Mehrkosten, die sich im Schnellverkehr der Luft gegenüber dem Normal- oder Grundverkehr ergeben, können einen Ausgleich finden in höheren Jahresleistungen der Schnellflugzeuge. Darüber hinaus können die Einnahmen auf Grund des mit der höheren Reisegeschwindigkeit gegebenen Anreizes zur Benutzung des Luftweges im Schnellverkehr gesteigert werden, wenn die Organisation des Luftverkehrs großzügig und nach einheitlichem Plan auf den Schnellverkehr eingestellt wird.

In organisatorischer Hinsicht verlangt die Entwicklung des Schnellverkehrs auf große Entfernungen eine verstärkte internationale Zusammenarbeit zwischen den verschiedenen nationalen Verkehrsgesellschaften. Denn je mehr durch die Steigerung der Reisegeschwindigkeiten die politischen Grenzen einander nähergerückt werden, um so wichtiger wird es für einen erfolgreichen Schnellverkehr sein, die mit ihm verbundenen Hemmungen auf dem politischen Schachbrett Europas zu vermindern oder zu beseitigen. Für den Luftverkehr, der für seine großen Reichweiten hierauf ganz besonderen Wert legen muß, wird dieses Ziel am besten erreicht werden, wenn in jedem Land eine Einheitsgesellschaft den planmäßigen Luftverkehr versieht. Ein Zusammenschluß dieser Einheitsgesellschaften zu einer großen internationalen Luftverkehrsgesellschaft kommt allein schon aus dem Grund nicht in Frage, weil nach dem Grundgesetz einer gesunden Verkehrswirtschaft jedes Verkehrsunternehmen die Wurzeln seiner Kraft im nationalen Boden seines Heimatlandes suchen und finden muß.

Zusammenfassend kann gesagt werden, daß im Rahmen des gesamten Verkehrswesens der Schnellverkehr in der Luft besonders günstige technische und betriebliche Voraussetzungen aufweist und die Wirtschaftlichkeit des Luftverkehrs allgemein zu fördern vermag. Es liegt im Interesse aller Länder, besonders aber Europas, diese Möglichkeiten voll auszuschöpfen, damit von einem geschlossenen kontinentalen Schnellverkehrsnetz in der Luft die Brücken zum Weltluftverkehrsnetz möglichst bald geschlagen werden können.

Betriebs- und verkehrswirtschaftliche Untersuchungen über den Schnellverkehr in der Luft

Von Dr.-Ing. Herbert Zöllner

I. Die technischen und betrieblichen Grundlagen des Luftschnellverkehrs

1. Ausbildung von Zelle und Motor bei Schnellflugzeugen

Die Voraussetzung für einen Luftschnellverkehr ist der Einsatz von Flugzeugen, die gegenüber den im normalen Luftverkehr verwendeten Typen eine bedeutende Steigerung der Geschwindigkeit aufweisen. Die Entwicklung solcher Baumuster begegnete anfangs großen Schwierigkeiten, da die Erfahrungen, die man bis dahin beim Bau von Militärschnellflugzeugen, z. B. von Jagdmaschinen, gesammelt hatte, bei Konstruktion und Ausführung von Verkehrsschnellflugzeugen nicht verwertet werden konnten. Beide Typenarten müssen nämlich ganz entgegengesetzten Forderungen genügen.

Beim Militärschnellflugzeug muß hinter der Forderung nach hoher Geschwindigkeit verbunden mit schneller Steigfähigkeit auf größte Höhen und höchster Baufestigkeit (Beanspruchungen beim Luftkampf) alles andere zurückstehen, und man verzichtet diesen Eigenschaften zuliebe auf größere Zuladefähigkeit, Reichweite und Sicherheit (hohe Landegeschwindigkeit der Militärflugzeuge). Auch kann der Rumpf beim Militärschnellflugzeug ohne Rücksicht auf Nutzraum für Fluggäste oder Fracht durchgebildet und ausgeführt werden.

Beim Verkehrsschnellflugzeug dagegen kann auf Steigfähigkeit und höchste Baufestigkeit verzichtet werden, da es nicht solchen Beanspruchungen wie das Kriegsflugzeug ausgesetzt wird, aber neben hoher Geschwindigkeit muß es in bezug auf Zuladefähigkeit, Reichweite, Nutzraum, Bequemlichkeit der Fluggäste und Sicherheit die gleichen Leistungen aufweisen wie ein normales Verkehrsflugzeug.

Die ersten leistungsfähigen Verkehrsschnellflugzeuge, die diesen Forderungen entsprachen, wurden 1930 in Amerika gebaut (Lockheed „Vega", Consolidated „Fleetster 17", Northrop „Alpha") und mit großem Erfolg weiterentwickelt.

In Europa begann man erst viel später als in Amerika mit dem Bau von Schnellflugzeugen für den Luftverkehr. Trotzdem die europäische Flugzeugindustrie der amerikanischen im Bau schneller Kriegsflugzeuge mindestens ebenbürtig ist, konnte sie infolge der im Vorhergehenden erwähnten baulichen und konstruktiven Besonderheiten der Verkehrsschnellflugzeuge bis heute noch nicht den großen Vorsprung der Amerikamer aufholen.

Die Steigerung der Geschwindigkeit bei den Schnellflugzeugen wird erreicht durch aerodynamische Verbesserungen und Verfeinerungen und durch Erhöhen der Motorenleistung. Letzterer sind allerdings durch die anzustrebende Wirtschaftlichkeit enge Grenzen gesetzt, da bei gleicher aerodynamischer Güte der Flugzeuge die erforderliche Motorenleistung mit der dritten Potenz der Geschwindigkeit wächst und damit auch alle von der Größe des Triebwerks abhängigen Kosten in demselben Maße zunehmen.

Durch aerodynamische Verbesserungen und Widerstandsverminderung kann dagegen ohne großen Kostenaufwand sehr viel erreicht werden. Es wird daher beim Entwurf und Bau von Schnellflugzeugen auf aerodynamisch günstigste Formgebung und möglichste Widerstandsverminderung entscheidender Wert gelegt.

Zu diesem Zwecke ist man bestrebt, alle irgendwie außen entbehrlichen Teile ins Innere des Flugzeugs zu verlegen und die Außenhaut durch besonders sorgfältige Lackierung möglichst zu glätten[1]). Nietungen an der Außenseite werden sämtlich versenkt ausgeführt, Scheinwerfer und Positionslampen werden in den Rumpf bzw. in die Flächen eingelassen und auf Propellerantrieb für Generatoren und Lichtmaschinen wird Verzicht geleistet. Alle außen liegenden Anschlüsse, Knotenpunkte und sämtliche Durchdringungen wie zwischen Motor und Rumpf, Flügel und Rumpf usw. werden besonders sorgfältig durchgebildet und erhalten einfache und klare Formen. Durch diese Maßnahmen wird nicht nur der Einzelwiderstand dieser Teile beträchtlich herabgemindert, sondern auch eine gegenseitige aerodynamische Beeinflussung verhindert, die fast immer eine Zunahme des Gesamtwiderstands zur Folge hat.

Der Rumpf erhält eine schlanke langgestreckte Form, was in bezug auf die Flugeigenschaften erwünscht ist. Um den Widerstand zu verringern, vermindert man den Rumpfquerschnitt, soweit dies mit Rücksicht auf eine ausreichende Bemessung des Kabinenraums möglich ist. Zur Vermeidung von Wirbelverlusten werden Fenster und Türen so ausgeführt und eingesetzt, daß sie mit der Außenhaut glatt abschließen. Da ein Öffnen der Fenster auf alle Fälle vermieden werden muß, weil sonst die glatte Oberfläche des Rumpfes gestört und seine aerodynamische Güte herabgesetzt werden würde, ist für eine gute Belüftung des Kabinenraumes Sorge zu tragen, etwa in der Art, daß durch den Fahrtwind durch eine geeignete Düse Frischluft in die Kabine gepreßt wird. Meistens ist für jeden Sitz eine besondere Belüftungseinrichtung vorgesehen, die der Fluggast nach seinem Belieben verstellen kann.

Der Rumpf selbst wird abweichend von der normalen Konstruktionsweise meist als Schalenrumpf ausgeführt. Diese Bauweise ermöglicht eine aerodynamisch günstige Formgebung und zeichnet sich durch große Leichtigkeit bei hoher Festigkeit aus.

Die Forderung nach geringstem Widerstand hat auch die Ausführung und Lage des Führerraums stark beeinflußt. Bei einigen Baumustern wird er hinter dem Kabinenraum angeordnet, da hierbei der Übergang in den Rumpf aerodynamisch sehr günstig gestaltet werden kann. Um den Strömungsverlauf längs des Rumpfes nicht zu stören, wird der Führerraum immer vollkommen geschlossen ausgeführt und der Windschutz zum Zwecke der Widerstandsverminderung stark verkleinert.

Diese Verkleinerung bringt jedoch ungenügende Sichtverhältnisse bei Start und Landung mit sich. Um dem abzuhelfen, wird der Führersitz im Fluge verstellbar ausgeführt, so daß der Führer im Bedarfsfalle nach Zurückschieben der Raumüberdachung gute Sicht durch die obere Öffnung hat.

Beim Einbau der Motoren ist auf eine günstige Lage des Luftschraubenstrahls zu achten. Dieser muß möglichst frei und ungehindert abfließen können, da nur dann sich die sorgfältige aerodynamische Durchbildung der Zelle voll auswirken kann.

Der Kraftbedarf der Schnellflugzeuge bis etwa 3000 kg Fluggewicht ist bei dem heutigen Stand der Entwicklung mit etwa 700 PS nach oben begrenzt. Die Unterteilung einer Triebwerksanlage dieser Größenordnung aus technischen Gründen ist nicht nötig, denn es gibt eine ganze Reihe von Motoren dieser Leistung, auch ist die Unterteilung des Triebwerks infolge der dadurch bedingten Gewichtserhöhung, des größeren Brennstoffverbrauchs und des höheren Luftwiderstands unwirtschaftlich und bedeutet Verzicht auf Einfachheit und Geschwindigkeit. Zur Erhöhung der Sicherheit jedoch ist es unbedingt wünschenswert, das Triebwerk zu unterteilen, denn die Motoren werden im Verkehrsbetrieb mit Dauerleistungen belastet, die etwa das 0,6—0,9fache der Spitzenleistung betragen. Hierbei erweisen sie sich aber als noch nicht hinreichend betriebssicher, und es müssen noch Motoren entwickelt werden, deren Dauerleistung eine möglichst große Betriebssicherheit gewährleistet. Die betriebssichere Belastung dieser Motoren würde beim heutigen Stande der Technik bei ungefähr halber Spitzenleistung liegen[2]).

Eine Unterteilung des Triebwerks ist aber nur bei den größeren Schnellflugzeugtypen von über 3000 kg Fluggewicht möglich, da bei den kleineren Baumustern die Motoren infolge der konstruktiv bedingten geringen Flügelspannweiten nicht seitlich vom Rumpf angeordnet werden können. Um auch bei den einmotorigen Schnellflugzeugen eine möglichst hohe Betriebssicherheit zu gewährleisten,

[1]) Ebert, „Flugmessungen zur Bestimmung des Einflusses der Oberflächenrauhigkeit". Zeitschrift für Flugtechnik und Motorluftschiffahrt 1933, Heft 19.

[2]) Kamm, „Die Gestaltung des Flugmotors". D. V. L.-Jahrbuch 1930.

werden bei ihnen Triebwerke mit sehr hohem Leistungsüberschuß eingebaut. Es ist dann möglich, im Reiseflug mit starker Drosselung zu fliegen, so daß die Motoren mehr geschont werden und ihr Versagen oder eine Störung weniger wahrscheinlich wird.

Bei allen Schnellflugzeugen ist der Einbau von Höhenmotoren anzustreben, da diese eine bedeutende zusätzliche Geschwindigkeitssteigerung gestatten. Während beim normalen Flugmotor die Leistung mit der Luftdichte abnimmt, gibt der Höhenmotor in seiner Gleichdruckhöhe noch die volle Leistung her. Da zugleich mit der nach der Höhe zu abnehmenden Luftdichte auch der Luftwiderstand geringer wird, können bei gleicher Motorenleistung in den Höhen viel größere Geschwindigkeiten erflogen werden als in Bodennähe. Wie sich bei dem ersten deutschen Schnellflugzeug, der Heinkel He 70, der Einbau von Höhenmotoren auswirken würde[1]), zeigt Abb. 1. Hiernach würde die He 70 gegenüber ihrer maximalen Geschwindigkeit von 377 km/h in Bodennähe mit einem Motor von gleicher Leistung wie der B.M.W. VI, also 660 PS, jedoch mit einer Gleichdruckhöhe von 2000 m in dieser Höhenlage eine Geschwindigkeit von 400 km/h erreichen, während in 5000 m Höhe mit einem Motor der entsprechenden Gleichdruckhöhe die Geschwindigkeit auf über 440 km/h steigen würde. Leider stehen in Deutschland solche Motoren noch nicht zur Verfügung, da die deutsche Industrie die hohen Entwicklungskosten für diese Motorenmuster nicht aufbringen konnte. Die amerikanischen Schnellflugzeuge sind alle durchweg mit Höhenmotoren ausgerüstet. So erreicht z. B. das amerikanische Schnellflugzeug, Lockheed „Orion", nur in 2000 m Höhe seine Höchstgeschwindigkeit von 358 km/h, während sich diese in Bodennähe auf 345 km/h ermäßigt.

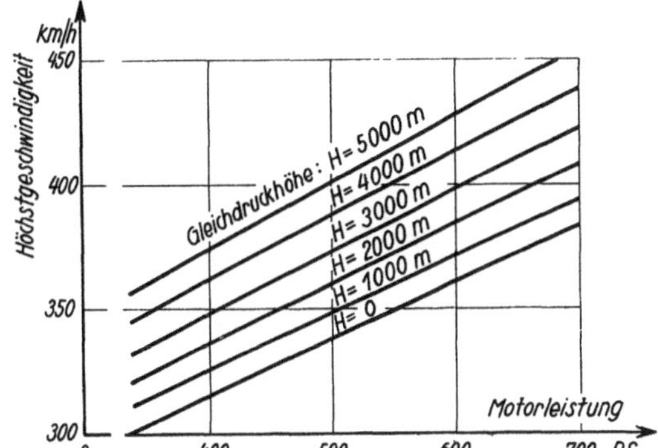

Abb. 1. Höchstgeschwindigkeiten des Heinkel-Schnellflugzeugs „He 70" mit Höhenmotoren in Abhängigkeit von der Motorenleistung

Von den mannigfachen Bauformen der Motoren haben sich der flüssigkeitsgekühlte Reihenmotor und der luftgekühlte Sternmotor durchgesetzt. Für die Beurteilung der beiden Bauarten, wie für die Ausbeute überhaupt, ist es wesentlich, daß in jedem Falle die zweckmäßigste Verkleidung gewählt wird, die einerseits den Widerstand vermindert und andererseits hinreichende Kühlung gewährleistet.

Der Sternmotor bietet wegen seiner zusammengedrängten Massen und Bauteile und seines geringeren Gewichts dem Flugzeugbauer Vorteile. Für Schnellflugzeuge ist er jedoch nicht ohne weiteres geeignet, da der Zylinderstern mit seiner stark zerklüfteten Stirnfläche den Flugwind und den Strahl der vorne liegenden Luftschraube stört. Hinter den einzelnen Zylindern und ihren Vorsprüngen lösen sich Wirbel ab, und das bedeutet Energieverlust, höheren Widerstand und somit Geschwindigkeitsverminderung. Dieser Nachteil wird durch zweckmäßige Verkleidung in Gestalt von Ringen oder zylindrischen, vorne zusammengezogenen Hauben vermieden. Diese Verkleidungen haben die Aufgabe, die Stromlinien in der Umgebung des Motors zu richten und dabei doch die zu seiner Kühlung notwendige Luftgeschwindigkeit zu wahren[2]).

Die einfachste Lösung ist der Townendring, der aus einem kurzen, d. h. wenig tiefen, außen ausgewölbten, innen eingewölbten Ring besteht, der um die Zylinderköpfe herumgelegt wird.

Strömungstechnisch wirksamer ist es, um den Motor eine vorn zusammengezogene, an der Eintrittskante stromlinig gerundete Haube zu ziehen, die als Rotationskörper ausgebildet ist und sich weit hinter die Zylinderebene erstreckt. In der ursprünglichen Form, die vom amerikanischen „National Advisory Committee for Aeronautics" eingeführt wurde und daher N.A.C.A.-Verschalung genannt wird, entspricht der Außendurchmesser der Haube dem Hauptspant des Rumpfes. Eine neuere, in England entwickelte Form der Haube überragt allseitig den Rumpfquerschnitt und wird wegen ihrer Düsenwirkung als „Venturi-Verkleidung" bezeichnet.

---

[1]) Heinkel, „Schnellpostflugzeug He 70". Zeitschrift für Flugtechnik und Motorluftschiffahrt 1933, Heft 24.

[2]) North, „Engine Cowling". Flight 1934, Heft 6.

Weiter vermindert wird der Gesamtwiderstand des Sternmotors, wenn man das Auspuffrohr ringförmig ausführt und es mit stromlinienförmigem Querschnitt vor oder hinter den Zylinderköpfen anordnet. Diese Ausführung kann man auch mit den beschriebenen Anordnungen vereinigen, indem man beispielsweise den Auspuffring zum Ausrunden der Eintrittskante der N.A.C.A.-Haube verwendet. Welche Geschwindigkeitssteigerung man erzielen kann, sei an einem Beispiel gezeigt: Der „Airspeed Courier" hat ohne Motorverkleidung eine Höchstgeschwindigkeit von 235 km/h, mit Townendring dagegen erreicht er 256 km/h. Im allgemeinen bewegt sich der Geschwindigkeitszuwachs zwischen 5 und 13%[1]). Der Erfolg dieser Verkleidungen und die baulichen Vorteile des Sternmotors brachten es mit sich, daß heute fast alle Schnellflugzeuge luftgekühlte Motoren haben. Der flüssigkeitsgekühlte Motor hat jedoch in letzter Zeit bedeutende Verbesserungen erfahren und wird den Sternmotor wohl teilweise wieder verdrängen.

Der flüssigkeitsgekühlte Reihenmotor gestattet dem Flugzeugbauer, den Rumpfquerschnitt zu verringern. Der Motor läßt sich sehr gut mit glattem Übergang in die Gestalt des eigentlichen Rumpfes windschnittig verkleiden, bietet daher geringen Widerstand, gestattet hohe Dauerleistung und läßt sich den durch verschiedene Flughöhen bedingten Temperaturunterschieden gut anpassen. Nachteilig bei ihm ist die erforderliche Rückkühlanlage, die hohes Gewicht, zusätzlichen Widerstand und Möglichkeit von Störungen mit sich bringt. Durch Anwendung der „Heißkühlung" sind jedoch große Verbesserungen erzielt worden. Die Kühlerabmessungen können hier gegenüber Wasserkühlung auf 30% verkleinert werden, und es ist dadurch möglich, eine beträchtliche Ersparnis an Gewicht zu erzielen. Bei der Heinkel He 70 beträgt z. B. die durch Heißkühlung erreichte Gewichtsersparnis 50 kg. Als Kühlmittel wird bei der Heißkühlung Äthylenglykol verwendet, das erst bei ungefähr 195° siedet. Im Betrieb beträgt die Glykolaustrittstemperatur ungefähr 148° gegenüber einer Wasseraustrittstemperatur von etwa 82°.

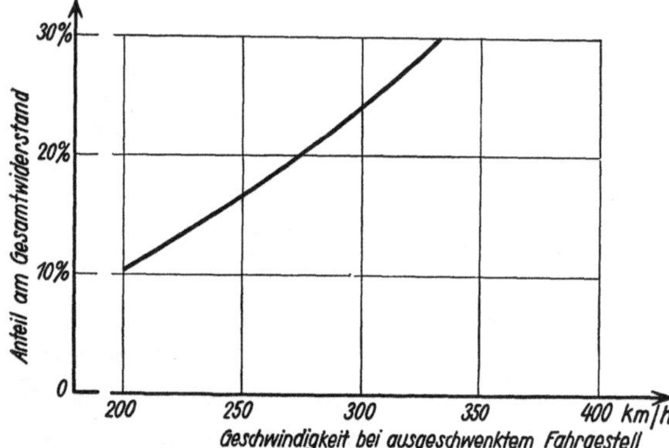

Abb. 2. Anteil des Fahrgestellwiderstands am Gesamtwiderstand bei Flugzeugbaumustern verschiedener Höchstgeschwindigkeit

Die Verringerung der Kühlerabmessungen ergibt sich daraus, daß der Temperaturunterschied zwischen Kühlflüssigkeit und Luft größer und die aus der Kühlflüssigkeit abzuführende Wärmemenge kleiner wird, weil bei Heißkühlung ein großer Teil der an die Zylinderwand übergehenden Wärme unmittelbar durch Strahlung und Konvektion an die Umgebung abgegeben wird[2]). Die Temperatur der Kühlflüssigkeit wird durch Einziehen bzw. Ausfahren des Kühlers aus dem Rumpf und die dadurch bewirkte Veränderung der wirksamen Kühlerfläche geregelt.

Die Frage, ob luft- oder flüssigkeitsgekühlter Motor, muß dem Flugzeugkonstrukteur überlassen bleiben. Von seinen besonderen Wünschen hängt es ab, ob er die eine oder die andere Bauart jeweils bevorzugen wird.

Der Schnellflugzeugbau und seine Forderung nach Vermeiden jeglichen schädlichen Widerstands hat auch die Konstruktion und Ausführung der Fahrgestelle in völlig neue Bahnen gelenkt.

Die Entwicklung ging hier über das stromlinig verkleidete Fahrwerk zum einschwenkbaren Fahrgestell. Solange allerdings der Widerstand des Fahrwerks klein war im Verhältnis zum Gesamtwiderstand, d. h. solange die aerodynamische Verfeinerung noch nicht sehr ausgebildet und die Fluggeschwindigkeit verhältnismäßig gering war, brachte ein einziehbares Fahrgestell kaum Vorteile. Als jedoch mit der Entwicklung schneller Flugzeuge alles aerodynamisch viel günstiger durchgebildet wurde, machte der Widerstand des Fahrgestells einen immer größer werdenden Teil des Gesamtwiderstands aus (Abb. 2).

---

[1]) Pye, „The Theory and Practicy of Air Cooling". Aircraft Engineering 1933, Februar, S. 31.

[2]) Oestrich, „Wärmeübergang und Zylinderwandtemperatur bei Heißkühlung". Zeitschrift für Flugtechnik und Motorluftschiffahrt 1933, Heft 4.

Man mußte versuchen, hier Abhilfe zu schaffen und erreichte dies durch stromlinig verkleidete oder einschwenkbare Fahrwerke.

Es hat sich in der Praxis gezeigt, daß ein gut durchgebildetes einschwenkbares Fahrgestell im Vergleich zu einem festen Fahrwerk bei Maschinen mit etwa $V_{max} = 210$ km/h nur einen Geschwindigkeitszuwachs von 3—4 % mit sich bringt. Bei Maschinen mit etwa $V_{max} = 250$ km/h, bei denen meistens auf aerodynamisch günstige Gestaltung größerer Wert gelegt wird, beträgt der Geschwindigkeitszuwachs 6—7 % und bei Maschinen von $V_{max} = 280$ km/h bis zu 10 %. Bei Flugzeugen mit Höchstgeschwindigkeiten von über 300 km/h ist es möglich, durch einschwenkbare Fahrgestelle eine Geschwindigkeitssteigerung bis zu 12 % zu erzielen. Die bei den verschiedenen Flugzeugbaumustern durch ein einschwenkbares Fahrgestell mögliche Geschwindigkeitssteigerung zeigt Abb. 3 in graphischer Darstellung. Ein stromlinig gut verkleidetes festes Fahrgestell liefert nicht die gleichen günstigen Ergebnisse[1]), kann aber unter Umständen sehr vorteilhaft sein, wenn es zur Verspannung der Flügel herangezogen wird, wie z. B. bei einigen Tiefdecker-Kampfflugzeugen und Rennmaschinen oder bei dem „Bellanca Airbus“.

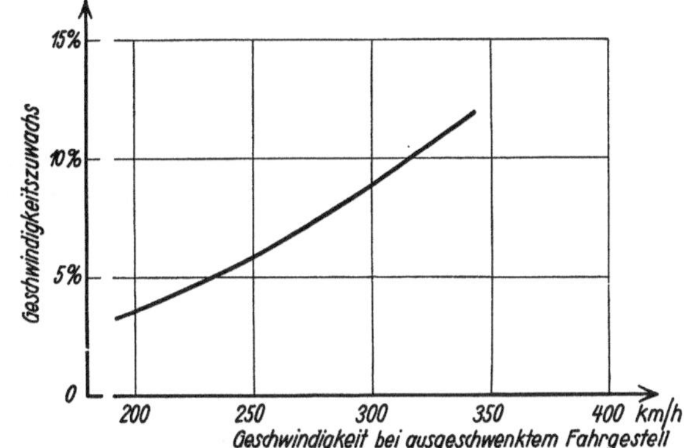

Abb. 3. Geschwindigkeitszuwachs durch Einschwenken des Fahrgestells bei Flugzeugbaumustern verschiedener Geschwindigkeit

Im allgemeinen wird man das einschwenkbare Fahrgestell bevorzugen, wenn auch seine Unterbringung meistens Schwierigkeiten macht. Es kommen hier folgende Möglichkeiten in Frage:

Einschwenken des Fahrgestells in die Flügelfläche, in den Rumpf, in eine äußere Verkleidung oder, bei mehrmotoriger Bauart, in die Maschinengondeln.

Bevor man sich für eine Ausführungsform endgültig entscheidet, muß man die aerodynamische Wirkung der Gehäuseöffnung und des teilweise oder ganz ausgeschwenkten Fahrgestells bei Start und Landung berücksichtigen. Es können eventuell Strömungsstörungen hervorgerufen werden, und die Öffnung für die Räder in der Flügelfläche kann die Charakteristik des Profils verändern. Bei den meisten Baumustern jedoch braucht man hierauf keine besondere Rücksicht zu nehmen. Windkanalversuche des N.A.C.A. an einem Lockheed „Orion“ haben gezeigt, daß die Radöffnung auf der Flügelunterseite die Flugeigenschaften in keiner Weise verändert, wenn das Fahrgestell ausgeschwenkt ist[2]). Man wird für Schnellflugzeuge meistens die Tiefdeckerbauart wählen, weil es hierbei am einfachsten ist, das Fahrgestell unterzubringen. Es wird dann einfach nach außen oder innen in die Flügelfläche hereingeschwenkt.

Bei Hochdeckern muß entweder der Rumpf sehr breit ausgeführt werden (Burnelli) oder aber kleine Kanzeln an ihn angebaut werden (Stinson), um das eingeschwenkte Fahrgestell unterzubringen.

In manchen Fällen ist es aus konstruktiven Gründen nicht möglich, das Fahrgestell ganz einzuschwenken. Aber auch bei dieser Anordnung ergibt sich bei guter Durchbildung noch eine genügend große Widerstandsverminderung.

Für den Ausschwenkmechanismus des Fahrgestells sind viele Bauausführungen entwickelt worden, vorherrschend sind jedoch von Hand oder Motor betätigte Schrauben- oder hydraulische Triebe. Um ein gutes und sicheres Arbeiten zu gewährleisten, soll die Ausschwenkvorrichtung einfach konstruiert und leicht zu übersehen und zu warten sein. Vor allen Dingen muß vermieden werden, daß beim Start durch die Räder Fremdkörper in den Ausfahrmechanismus geschleudert werden können. Auch ist darauf zu achten, daß die Öffnungen für das Fahrgestell in Flügelfläche oder Rumpf gegen Schmutz geschützt werden, damit dieser nicht durch eventuelles Gefrieren usw. ein Ausschwenken unmöglich machen kann.

Besondere gesetzliche Bestimmungen über die Ausführung der einschwenkbaren Fahrwerke bestehen nur in Amerika. Das Department of Commerce schreibt hier vor, daß ein Anzeigegerät

[1]) Mock, „Retractable landing gears“. Aviation 1933, Nr. 2.

[2]) 18. Annual Report of N. A. C. A. 1932.

dem Führer die jeweilige Stellung der Räder kenntlich machen muß und das Ausschwenken des Fahrwerks höchstens 60 Sekunden dauern darf.

Bei den meisten Bauausführungen geschieht das Ausschwenken dadurch, daß nach Lösen einer Kupplung die Räder durch ihr eigenes Gewicht herausklappen und in der Endstellung durch ein automatisches Gesperre festgehalten werden. Um zu vermeiden, daß der Pilot vergißt, vor der Landung das Fahrgestell auszuschwenken, werden Warnsignale eingebaut. Meistens sind dies elektrische Hörner, die ertönen, sobald die Gasdrossel geschlossen ist und die Räder ihre untere gesperrte Stellung noch nicht erreicht haben. Beim Clark-Schnellflugzeug „GA 43“ wird in diesem Falle ein kleiner Elektromotor in Bewegung gesetzt, der unten am Steuerknüppel angebracht ist und mit einer Unwucht diesen zum Vibrieren bringt. Neben diesen Warnsignalen haben die meisten Maschinen noch optische Signaleinrichtungen, die durch farbige Lichter die jeweilige Stellung der Räder anzeigen.

Die sorgfältige aerodynamische Durchbildung der Zelle, sowie Motorverkleidung, einschwenkbares Fahrgestell usw. bedingen höhere Herstellungskosten des Flugzeugs und vermindern durch ihr zusätzliches Konstruktionsgewicht zunächst auch die Nutzlast. In dem Abschnitt „Kosten der Geschwindigkeitssteigerung“ wird untersucht werden, wie sich diese Einrichtungen im einzelnen auf die Wirtschaftlichkeit auswirken.

Wurden bis jetzt nur die Mittel zu aerodynamischen Verbesserungen und Verfeinerungen besprochen, so ist nun noch grundsätzlich zu untersuchen, wie die einzelnen Konstruktionsgrößen des Flugzeugs beim Entwurf gewählt werden müssen, um eine hohe Fluggeschwindigkeit zu ermöglichen.

Aus der Grundgleichung von Gewicht und Auftrieb folgt die Gleichung:

$$G = m \cdot c_a \cdot F \cdot v^2$$

oder

$$v^2 = \frac{G}{F} \cdot \frac{1}{c_a} \cdot \frac{1}{m}.$$

Hierin bedeutet:

v = Fluggeschwindigkeit (m/sec),
G = Fluggewicht (kg),
m = Luftdichte $\frac{\gamma}{g} \left(\frac{\text{kg/m}^3}{\text{m/sec}^2} = \frac{\text{kg} \cdot \text{sec}^2}{m^4}\right)$,
F = Flügelfläche (m²),
c_a = Auftriebsbeiwert des Profils,
$\frac{G}{F}$ = Flächenbelastung (kg/m²).

Man kann die Tragfläche nun mehr für Steigleistung oder mehr für Geschwindigkeit entwerfen, indem man ihren günstigsten Wirkungsgrad bei größerem oder kleinerem Anstellwinkel herbeiführt und das Profil entsprechend wählt. Aus der letzten Gleichung geht hervor, daß hohe Geschwindigkeit nur bei kleinen Auftriebsbeiwerten erreicht werden kann. Es sind also nur solche Profile für schnelle Flugzeuge günstig, die kleine Gleitzahlen mit kleinen Auftriebsbeiwerten verbinden. Die Gleichung zeigt ferner, daß man zur Erhöhung der Geschwindigkeit die Flächenbelastung möglichst hoch wählen muß.

Da man die Motorenleistung bei schnellen Maschinen nur so weit erhöhen wird, wie es die Wirtschaftlichkeit gestattet, und versuchen wird, möglichst leicht zu bauen, soll die Leistungsbelastung, d. h. das Verhältnis von Fluggewicht zur Motorenstärke möglichst gering sein. Bei den modernen Schnellflugzeugen schwankt die Flächenbelastung zwischen 80—100 kg/m² und die Leistungsbelastung zwischen 4,6—6,6 kg/PS.

Wie sich die Wahl dieser von der Forderung nach Geschwindigkeit diktierten Konstruktionsgrößen auf die Flugeigenschaften auswirkt, wird im nächsten Abschnitt untersucht werden.

2. Flugeigenschaften und Faktoren der Sicherheit bei langsam und schnell fliegenden Flugzeugen

Wie im vorigen Abschnitt besprochen wurde, hat man bei den modernen Schnellflugzeugen die Flächenbelastung stark gesteigert und zum Zwecke der Widerstandsverminderung nur Profile mit kleinem Auftriebsbeiwert verwendet. Wie wirken sich nun diese Konstruktionsgrößen auf die Flugeigenschaften aus?

Die nachfolgenden Untersuchungen beziehen sich immer nur auf Verkehrsschnellflugzeuge, da bei der Beurteilung von Militärschnellflugzeugen andere Gesichtspunkte maßgebend sind und zum Teil auch konstruktiv andere Wege beschritten werden. Aus der vereinfachten Gleichung für die Geschwindigkeit:

$$v^2 = C \cdot \frac{G}{F}$$

geht hervor, daß bei Vergrößerung der Flächenbelastung zwar die Höchstgeschwindigkeit steigt, im selben Maße aber auch die Kleinstgeschwindigkeit zunimmt, d. h. die Geschwindigkeit, unterhalb der nicht mehr geflogen werden kann. Diese Heraufsetzung der Kleinstgeschwindigkeit wirkt sich besonders bei Start und Landung sehr ungünstig aus. Beim Streckenflug macht sich die höhere Flächenbelastung in den Flugeigenschaften kaum bemerkbar, nur ist das Flugzeug empfindlicher gegen Bedienungsfehler und erfordert daher einen guten Piloten.

Die flachen Profile bringen schlechtes Steigvermögen mit sich und machen eine lange Startstrecke erforderlich. Auch die aerodynamisch günstige Ausführung macht sich nachteilig bemerkbar, und zwar beim Ansetzen zur Landung. Dadurch, daß der schädliche Widerstand bei den Schnellflugzeugen auf ein Minimum herabgesetzt ist, bekommen sie einen sehr guten Gleitwinkel mit dem Erfolg, daß sie sehr lange schweben und in den Platz nur ganz flach hineinlanden können.

Zunächst ist also zu sagen, daß ohne besondere Hilfseinrichtungen die Schnellflugzeuge den Flugzeugen normaler Bauart, besonders was Start und Landung anbetrifft, unterlegen sind. Dieser Mangel muß aber aus Gründen der Verkehrssicherheit unbedingt behoben werden, da die Schnellflugzeuge auf die ohnehin schon nicht allzu groß bemessenen Landeflächen des Normalluftverkehrs angewiesen sind.

Es soll nun untersucht werden, wie die Start- und Landeeigenschaften der Schnellflugzeuge verbessert werden können. Zunächst muß die Forderung erfüllt werden, daß die Höchstgeschwindigkeit bis zum Schluß ausgenutzt und das Landungsmanöver zeitlich und örtlich weitgehend beschränkt werden kann. Es soll also nicht nur schnell, sondern auch langsam geflogen werden können, d. h. man will langsam und steil abfliegen und ebenso landen, um die Sicherheit des Fluges, dessen gefährlichste Teile Start und Landung sind, zu erhöhen. Auch im Falle einer Notlandung ist die Herabsetzung der kritischen Kleinstgeschwindigkeit, verbunden mit der Möglichkeit einer steilen Landung, vom Standpunkt der Sicherheit eine der wichtigsten an die Flugeigenschaften und Flugleistungen zu stellenden Anforderungen.

Da es nicht möglich ist, falls nicht besondere Einrichtungen getroffen werden, die Höchstgeschwindigkeit des Flugzeugs zu steigern, ohne gleichzeitig im selben Maße die untere Grenze der Geschwindigkeit heraufzusetzen, liegt die kleinste Geschwindigkeit um so höher, je größer die Höchstgeschwindigkeit ist und eine Steigerung der Geschwindigkeit muß sich daher ungünstig auf Start und Landung auswirken.

Die nachfolgenden Betrachtungen gelten fast immer in gleicher Weise für den Abflug wie für seine Umkehrung, den Vorgang des Landens. Aus der umgeformten Grundgleichung für Gewicht und Auftrieb (s. S. 44)

$$v^2 = \frac{G}{F} \cdot \frac{1}{c_a} \cdot \frac{1}{m}$$

geht hervor, daß die Kleinstgeschwindigkeit herabgesetzt, d. h. die Start- und Landestrecke verkürzt werden kann durch

Verringerung der Flächenbelastung,
Anwendung von Profilen mit großem Auftriebsbeiwert,
Herabsetzen der Leistungsbelastung.

Von diesen Mitteln kommen die beiden ersten nicht in Frage, da ihre Anwendung die Höchstgeschwindigkeit herabsetzen würde, was auf jeden Fall vermieden werden soll. Es bleibt also nur das Vermindern der Leistungsbelastung durch Erhöhen der Motorenstärke, was aber wegen der anzustrebenden Wirtschaftlichkeit nur in beschränktem Maße möglich ist.

Es entsteht daher der Wunsch nach besonderen Einrichtungen, die bei Start und Landung wirksam werden, ohne sonst die Flugleistungen zu beeinträchtigen.

Bei Start und Landung ist in erster Linie eine Steigerung der Auftriebszahl anzustreben, um die Landegeschwindigkeit herabzusetzen bzw. die Startstrecke zu verkürzen. Der größere Widerstand eines Profils mit hohem Auftriebsbeiwert macht bei Start und Landung nichts aus und ist bei letzterer sogar erwünscht, um den durch die günstige aerodynamische Ausführung bedingten allzu guten Gleitwinkel zu verschlechtern. Auch die Möglichkeit eines gefahrlosen überzogenen Flugs ist bei der Landung sehr vorteilhaft.

Die Forderungen nach großer Auftriebszahl bei Start und Landung, kleiner Auftriebszahl bei Streckenflug und Möglichkeit eines sicheren überzogenen Flugs in gewissen Grenzen werden vom Schlitzflügel mit herabziehbarer Flügelendklappe erfüllt.

Die Wirkung eines dem eigentlichen Flügel vorgeschalteten Spaltflügels besteht darin, daß er bei großen Anstellwinkeln ein Abreißen der Strömung verhindert, also überzogenen Flug gefahrlos macht. Die Ausführung ist so, daß bei geschlossenem Schlitz der Profilwiderstand nicht wesentlich vermehrt wird, andererseits aber die Quersteuerbarkeit bei hohem Auftrieb genügend gewährleistet ist. Daß dieser hohe Auftrieb mit normalen Ruderorganen überhaupt erreicht wird, ist nur möglich durch Anwendung von herabziehbaren Flügelendklappen. Diese Klappen sind in einem Gelenk in der Profilebene drehbar, so daß sie sich gegen die Profilsehne in einem beliebigen Winkel einstellen lassen. Hierdurch wird die Wölbung und damit der Auftriebsbeiwert des Profils verändert, und man hat es in der Hand, je nach Bedarf mit schwach oder stark gewölbtem Profil zu fliegen.

Durch das Herabziehen der Flügelendklappen vergrößert sich die Schränkung zwischen Flügel und Rumpf, so daß das Leitwerk genügend wirksam bleibt. Um die erwähnte gute Quersteuerbarkeit zu erreichen, zieht man den inneren Teil der Klappe stärker herab als den äußeren, der zugleich als Querruder dient (Heinkel He 64). Bei Baumustern, bei denen beim Start infolge hoher Kraftreserve auf Verwendung von Schlitzflügeln und Klappen zur Erhöhung der Auftriebszahl verzichtet werden kann, muß man Einrichtungen anbringen, die eine steile Landung mit geringer Geschwindigkeit ermöglichen. Man verwendet entweder Klappen, die in der Profilspitze unterhalb der feststehenden Flügeloberseite drehbar angeordnet sind, vor der Landung nach unten ausgeschlagen werden und als Luftbremse wirken (Northrop, Douglas) oder Doppelflügel (Junkers). Auch das ausgeschwenkte Fahrgestell kann als Luftbremse ausgebildet und zur Vergrößerung des Gleitwinkels mit herangezogen werden.

Durchschnittlich wird durch die Anwendung von Landeklappen der Gleitwinkel von etwa 1 : 15 auf 1 : 5 vergrößert. Der durch die Klappen erzielte Erfolg kommt jedoch am besten in der gemessenen Strecke zum Ausdruck, die das Flugzeug vom Ausschweben aus 20 m Höhe bis zum Stand benötigt. Bei der He 70 ergaben hierfür die günstigsten Werte der D.V.L.-Messungen[1]):

ohne Landeklappen . . . . . . 860 m
mit Landeklappen . . . . 410 m.

Daß die Schnellflugzeuge, wie alle modernen Maschinen, mit Radbremsen ausgerüstet werden, um den Auslauf zu verkürzen und gute Steuerbarkeit beim Rollen zu gewährleisten, ist selbstverständlich.

Um bei Start und Steigflug die Motorenleistung voll ausnutzen zu können, rüstet man die Schnellflugzeuge durchweg mit Verstellpropellern aus. Ein fester Propeller hat bekanntlich nur bei einem bestimmten Flugzustand seinen besten Wirkungsgrad und gestattet dabei volle Ausnutzung der verfügbaren Motorendrehzahl bzw. Motorenleistung. Dies kommt daher, daß sich bei Änderung des Fortschrittgrads des Propellers, d. h. des Verhältnisses von Flugzeuggeschwindigkeit zur Luftschraubenumfangsgeschwindigkeit der Widerstandsbeiwert ebenfalls ändert. Dieser ist am Stand bei der Fluggeschwindigkeit = 0 am größten und nimmt mit wachsendem Fortschrittsgrad ab. Bei der Verstellschraube wird die Schränkung durch Verdrehen der Flügelblätter auf mechanischem Wege geändert, um sie so dem jeweiligen Flugzustand anzupassen. Mit ihrer Hilfe kann die Standdrehzahl erhöht und die Motorenleistung beim Abflug besser ausgenutzt werden, ohne daß der Wirkungsgrad beim Reiseflug beeinträchtigt wird. Bei mehrmotorigen Flugzeugen erhöht die Ver-

[1]) Heinkel, „Schnellpostflugzeug He 70". Zeitschrift für Flugtechnik und Motorluftschiffahrt Jg. 24, Nr. 24.

wendung von Verstellpropellern beträchtlich die Betriebssicherheit, wenn einmal ein Motor ausfällt. Man kann dann trotz verminderter Fluggeschwindigkeit durch Verändern der Schränkung die jeweilige Leistung der übrigen Motore voll ausnutzen bzw. braucht diese nicht so zu überanstrengen.

Am meisten verbreitet ist der amerikanische Standard-Hamilton-Verstellpropeller. Er wird durch Öldruck vom Führersitz aus verstellt und hat je eine Stellung für Start und Horizontalflug. Ein Versagen des Verstellmechanismus bringt keinerlei Gefahren mit sich, da in diesem Fall der Propeller sich selbsttätig auf Horizontalflug einstellt.

Welche beachtlichen Verbesserungen durch verstellbare Propeller erzielt werden können, zeigt Tabelle 1. Die Versuchswerte wurden mit zweimotorigen Boeing-Schnellflugzeugen, Baumuster 247, der „United Air Lines" erflogen. Verwendet wurden Hamilton-Verstellpropeller. Die vergleichsweise eingebauten festen Propeller hatten bei der höchsten Fluggeschwindigkeit ihren besten Wirkungsgrad, ebenso die Verstellpropeller in ihrer einen Endstellung.

Tabelle 1. **Versuchsergebnisse mit Verstellpropellern**[1])

	Verstellbar	Fest	Verbesserung
1	2	3	4
Startstrecke . . . . m	224	281	20 %
Startzeit . . . . sec	15,2	19,0	20 %
Steiggeschwindigkeit bei 1500 m . . . . m/min	300	246	22 %
Steighöhe in 10 min . . . . m	2880	2520	14 %
Reisegeschwindigkeit . . . . km/h	275	260	5,5 %

Von ausschlaggebender Bedeutung für die Sicherheit bei Start und Landung ist ein sicheres Arbeiten des einschwenkbaren Fahrgestells. Bei ausgereiften Konstruktionen, wie sie heute verwandt werden, ist diese Gefahrenquelle jedoch gänzlich ausgeschaltet, und soweit bekannt, ist bis jetzt kein Unfall vorgekommen, der auf Versagen des einschwenkbaren Fahrgestells zurückzuführen wäre. Bei einer Notlandung auf einem kleinen oder schlechten Feld ist eine Landung mit nicht ausgeschwenktem Fahrgestell sogar von Vorteil, da hierbei die Geschwindigkeit stark abgebremst und der Auslauf viel kürzer wird. Auch für die Insassen ist eine solche Notlandung ungefährlicher, da ein Überschlag dabei ausgeschlossen ist, und auch die auftretenden Verzögerungen das erträgliche Maß nicht überschreiten. Es tritt nämlich nicht sofort die volle Bremswirkung auf, weil das Flugzeug zunächst nicht mit seinem vollen Gewicht über den Erdboden schleift, sondern zuerst noch teilweise von den Luftkräften getragen wird. Die Beschädigungen bei solchen „Bauchlandungen" bleiben verhältnismäßig gering. So ergaben sich z. B. bei Versuchslandungen mit eingezogenem Fahrgestell, die in England mit einem „Airspeed Courier" gemacht wurden, bis auf die verbogenen Propellerblätter keine weiteren Schäden. Sogar das Fahrgestell konnte nachher noch ausgeschwenkt werden[2]).

In den letzten zwei Jahren sind in den Vereinigten Staaten von Amerika sowohl von Privatfliegern als auch von Verkehrsmaschinen viele Landungen mit nicht ausgeschwenktem Fahrgestell gemacht worden, und es ergab sich, daß der entstandene Schaden, der meist aus Zerstörung des Propellers und Beschädigung der Rumpfunterseite bestand, gewöhnlich unter der 4000-RM.-Grenze lag und meistens 1200 RM. nicht überstieg.

Wurden bis jetzt die Verhältnisse bei Start und Landung besprochen, so soll jetzt die Sicherheit von normalen und Schnellflugzeugen beim Streckenflug untersucht werden.

Bedenklich erscheint die durchweg einmotorige Ausführung der kleineren Schnellflugzeuge. Im Vergleich zu normalen Flugzeugen jedoch, die auch meistens einmotorig ausgeführt sind, bietet das Schnellflugzeug größere Sicherheit, denn ein Versagen seiner Triebwerksanlage ist weniger wahrscheinlich. Der Motor wird nämlich nicht so stark beansprucht wie beim Normalflugzeug, da er infolge seines hohen Leistungsüberschusses auf Strecke mit starker Leistungsdrosselung geflogen werden kann. Man könnte natürlich auch Normalflugzeuge mit hoher Leistungsreserve ausstatten, hat aber

[1]) Chatfield, „Controllable Pitch Propellers in Transport Service". Aviation 1933, Nr. 6.
[2]) „The ventre-a-terrier". The Aeroplane 1934, Nr. 6.

bis jetzt hierauf aus Gründen der Wirtschaftlichkeit verzichtet, so daß die Normalflugzeuge gegenüber den Schnellflugzeugen durchweg eine höhere Leistungsbelastung aufweisen.

Durch die Möglichkeit eines stark gedrosselten Flugs ist allerdings eine ausreichende Betriebssicherheit noch nicht gewährleistet. Es muß deshalb größtes Gewicht darauf gelegt werden, daß die Industrie „betriebssichere Verkehrsmotoren“ herausbringt, die nach Konstruktionsgrundsätzen entwickelt sind, wie sie Professor Dr. Kamm in seinem D.V.L.-Forschungsbericht „Über die Leistung von Flugmotoren“ angibt.

Abgesehen von der größeren motorischen Zuverlässigkeit des Schnellflugzeugs ist bei ihm auch das Gefahrenmoment bei einer Notlandung geringer als bei anderen Flugzeugen, denn infolge seiner früher besprochenen zusätzlichen Hilfseinrichtungen, wie Schlitzflügel, Landeklappen oder Doppelflügel, ist mit ihm eine glatte gefahrlose Landung eher möglich als mit einem Flugzeug normaler Bauart.

Bei einigen der neuesten Schnellflugzeuge, die zweimotorig ausgeführt sind (Boeing „247“, Lockheed „Elektra“, Douglas „Airliner“), finden wir überhaupt das größte Maß von Sicherheit, das heute im Luftverkehr erreicht werden kann. Infolge ihrer geringen Leistungsbelastung und der Möglichkeit der jeweils günstigsten Motorenausnutzung durch Verstellpropeller ist es bei ihnen möglich, mit nur einem Motor zu fliegen, ohne diesen auf Höchstleistung beanspruchen zu müssen, so daß sein Durchhalten gewährleistet und ein sicheres Erreichen des nächsten Flughafens möglich ist. Bei einem Teil der Schnellflugzeuge, vor allen Dingen bei den älteren Baumustern, hat man der Geschwindigkeitssteigerung zuliebe auf eine zweiköpfige Besatzung und eine F.T.-Anlage verzichtet. Vom Standpunkt der Verkehrssicherheit ist dies nicht zu verantworten, und es muß jeder Versuch bekämpft werden, die Leistung auf Kosten der Sicherheit zu steigern. Man ist in der Praxis auch wieder von der Ein-Mann-Bedienung abgekommen, und sämtliche Neukonstruktionen, auch in den Vereinigten Staaten von Amerika, sehen eine zweiköpfige Besatzung und Funkentelegraphie vor.

Die Forderungen, die man an die Flugeigenschaften während des Streckenflugs stellen muß, werden vom normalen und vom Schnellflugzeug in gleich guter Weise erfüllt. Es sind dies:

unbedingte Blindflugfähigkeit,
große Stabilität um alle Achsen,
genügende Steuerwirkung bei langsamem Flug (Schlechtwetterflug in niedriger Höhe),
geringe Steuerkräfte.

Sehr von Vorteil ist es, daß man Gewitter usw. mit dem Schnellflugzeug infolge seiner höheren Geschwindigkeit besser umfliegen kann und der Einfluß von Gegenwind auf die Flugzeit nicht so groß ist wie beim Normalflugzeug.

Das normale Flugzeug hat infolge seiner geringen Flächenbelastung von etwa 40—50 kg/m² den Vorteil, daß es im allgemeinen leichter zu fliegen, d. h. gegen Fehler, Versäumnisse und Ungenauigkeiten in der Betätigung der Steuerung weniger empfindlich ist. Das Schnellflugzeug dagegen muß besonders in Böen vorsichtig und mit Gefühl geflogen werden, erfordert also einen guten Piloten. Es liegt in seinen baulichen Voraussetzungen begründet, daß mit sehr kleinem Anstellwinkel geflogen wird. Senkrechte Böen ändern also die Anströmrichtung der Luft plötzlich und können Überbeanspruchungen hervorrufen, die schon zu Flügelbrüchen geführt haben. Schnellflugzeuge müssen daher fester gebaut und auch bei ruhigem Wetter vorsichtig gesteuert werden, in Böen aber, in denen der Führer keinen Einfluß auf die Veränderung des Anstellwinkels hat, gedrosselt geflogen werden. Die Böenbeanspruchung[1]) ist unabhängig von der Flugzeuggröße und trifft besonders Flugzeuge, bei denen nur kleine Steuerkräfte erforderlich sind. Ein zu starker Ruderausgleich ist also unbedingt zu vermeiden, da der Führer dabei, ohne es zu wollen und zu merken, durch schnelles Rudergeben das Flugzeug Beschleunigungen unterwerfen kann, die seinen Festigkeitsverband hohen Beanspruchungen aussetzen. Zweckmäßig erscheint hier eine umschaltbare Höhensteuerübersetzung.

Die höhere Böenbeanspruchung und etwas größere Empfindlichkeit in der Steuerung kann jedoch niemals die Flugsicherheit des Schnellflugzeugs beeinträchtigen, wenn der Pilot vorher mit seinen besonderen Eigenheiten vertraut gemacht worden ist.

---

[1]) Küssner, „Beanspruchung schneller Flugzeuge durch Böen und Ruderbetätigung“. Flugkapitän 1932, Nr. 11/12.

Um die Maschinen immer betriebssicher zu erhalten, ist es notwendig, alle Betätigungsorgane gut überwachen und kontrollieren zu können. Dies gestaltet sich beim Schnellflugzeug etwas umständlich, da zur Erhöhung der aerodynamischen Güte alle Teile in das Flugzeuginnere verlegt sind. Man hilft sich hier durch Schauklappen, deren Zahl allerdings sehr hoch ist. So hat beispielsweise das Flugzeug Boeing „247“ nicht weniger als 37 Klappen zu Kontrollzwecken, was die Wartung nicht gerade erleichtert.

Zusammenfassend ist zu sagen, daß zwar Wartung und Führung des Schnellflugzeugs etwas schwierig ist, die Flugleistungen und Eigenschaften bei Start, Landung und Streckenflug jedoch solche sind, daß seine Verkehrssicherheit derjenigen von Flugzeugen normaler Bauart gleichwertig, wenn nicht überlegen ist.

3. Betriebliche Leistungsfähigkeit der modernen Schnellflugzeuge

Was die betriebliche Leistungsfähigkeit der Schnellflugzeuge anlangt, so zeigt Tabelle 2 die wichtigsten Konstruktionen und Betriebsdaten der bis heute gebauten Schnellflugzeuge. Es ist jedoch zu beachten, daß es sich bei den aufgeführten Typen zum Teil noch um Probebaumuster handelt und nur von den Typen Lockheed „Vega“ und „Orion“ sowie Boeing „247“ und Douglas DC-2 bis jetzt größere Serien gebaut wurden und längere Betriebserfahrungen vorliegen.

Rein konstruktiv weisen sämtliche Baumuster die gleichen Merkmale auf, wie sie schon in den vorhergehenden Abschnitten besprochen wurden:

Tabelle 2. **Konstruktions- und Betriebsdaten der modernen Schnellflugzeuge**

	Junkers Ju 160	Lockheed „Vega“	Boeing „247 D“	Fokker F XX	Douglas „Airliner“ DC–2	Lockheed „Orion“	Heinkel He 70	Normal-flugzeug
1	2	3	4	5	6	7	8	9
Bauweise	Ganzmetall	Gemischtbau	Ganzmetall	Gemischtbau	Ganzmetall	Gemischtbau	Gemischtbau	
Bauart	T.D.	H.D.	T.D.	H.D.	T.D.	T.D.	T.D.	
Konstruktive Sonderheiten	Einz. Fahrg. N.A.C.A. Doppelflügel F.T.	Verkl. Fahrg. N.A.C.A.	Einz. Fahrg. Townend Landeklappen F.T.	Einz. Fahrg. N.A.C.A. Landeklappen F.T.	Einz. Fahrg. N.A.C.A. Landeklappen F.T.	Einz. Fahrg. N.A.C.A.	Einz. Fahrg. Heißkühlung F.T.	
Motorzahl	1	1	2	3	2	1	1	
Motorenleistung . . . PS	700	450	1200	1900	1400	550	660	
Höchstgeschwindigkeit . . . km/h	340	290	300	300	335	360	377	200—230
Landegeschwindigkeit . . . km/h	95	98	94	103	98	105	110	85— 95
Fluggewicht . . . kg	3550	2150	6000	8850	8200	2450	3370	
Zuladung . . . kg	1150	970	2100	3000	2670	820	1010	
Fluggewicht/Zuladung	3,1	2,2	2,9	3,0	3,1	3,0	3,3	2,4—2,6
Nutzladefähigkeit (bezogen auf 800 km Reichweite) . . . kg	620	570	1100	1760	1650	420	480	
Flächenbelastung . . . kg/m²	93,0	90,5	93,0	91,7	93,3	91,0	92,3	40—50
Leistungsbelastung . . . kg/PS	5,1	4,8	5,0	4,7	5,8	4,5	5,1	
Fluggäste	6	4—6	10	12	12	4—6	4—5	
Besatzung	2	1	3	3	2	1	2	
Nutzbarer Kabinenraum m³/Pers.	0,70	0,46	1,0	0,95	1,3	0,5	0,5	0,9—1,3
Reichweite (voll getankt) . . . km	1000	740	820	1600	1500	800	950	
Gesamtanschaffungspreis . . . RM.		80000	280000		420000	105000		

Erklärung der Abkürzungen:
T.D. = Freitragender Tiefdecker
H.D. = Freitragender Hochdecker
N.A.C.A. = N.A.C.A.-Verschalung des Motors
Einz. Fahrg. = Einziehbares Fahrgestell
Verkl. Fahrg. = Verkleidetes Fahrgestell
F.T. = Funkentelegraphie

Großer Kraftüberschuß bzw. geringe Leistungsbelastung,
Hohe Flächenbelastung,
Einziehbares oder verkleidetes Fahrgestell,
Townend-Ring oder N.A.C.A.-Verschalung,
Landeklappen oder Doppelflügel.

Die Bevorzugung der Tiefdeckerbauart hat ihren Grund darin, daß hierbei die besten Unterbringungsmöglichkeiten für das einschwenkbare Fahrwerk geboten werden.

Um eine gute Vergleichsmöglichkeit zu bieten, wurden in Spalte 9 der Tabelle 2 die Bau- und Betriebsdaten der heute im Luftverkehr verwendeten Normalflugzeuge angegeben.

Es fällt zunächst auf, daß die Landegeschwindigkeit einiger Schnellflugzeugtypen noch stark über dem üblichen Normalmaß liegen. Dies hat seinen Grund darin, daß es sich hier zum Teil um Versuchskonstruktionen handelt, bei denen zunächst nur auf Erreichen höchster Endgeschwindigkeit hingearbeitet wurde, während die nachfolgenden, heute alle noch im Bau befindlichen Flugzeuge dieser Typen mit den schon früher besprochenen Hilfseinrichtungen zum Herabsetzen der Landegeschwindigkeit wie Spaltflügel, Landeklappen usw. versehen werden (z. B. He 70). Im allgemeinen dürfte also mit ziemlich gleicher Landegeschwindigkeit beider Flugzeugklassen zu rechnen sein.

Interessant ist es, festzustellen, daß bei den Schnellflugzeugen die verkehrliche Leistungsfähigkeit oder das Verhältnis von Fluggewicht zu Zuladung mit 3,0—3,3 ziemlich ungünstig gegenüber demjenigen von 2,5—2,6 bei Normalflugzeugen liegt. Es ist dies aber leicht erklärlich, da die ungleich stärkeren Triebwerke der Schnellflugzeuge und die konstruktiven Maßnahmen zur Erhöhung der Geschwindigkeit zusätzliche Mehrgewichte mit sich bringen.

Die in der Tabelle 2 angegebene Nutzladefähigkeit der verschiedenen Baumuster ist errechnet und überall auf eine Reichweite von 800 km bezogen, um eine einwandfreie Vergleichsmöglichkeit zu bieten. Die tatsächliche Reichweite, d. h. die Reichweite mit voll aufgefüllten, serienmäßig eingebauten Tanks liegt fast immer über 800 km, ist aber meistens, genau wie bei den Normalflugzeugen, mit etwa 1500 km nach oben begrenzt.

Es ist sehr aufschlußreich, den Verkehrswert der einzelnen Flugzeugtypen in bezug auf die den Fluggästen gebotene Bequemlichkeit zu vergleichen.

Tabelle 3. **Vergleich der auf eine Person entfallenden Raumgröße**

Verkehrsmittel	Raum m^3 je Person
1	2
Kraftwagen[1])	0,54—0,78
Normalflugzeug	0,90—1,30
Schnellflugzeug	
bis 1 t Zuladefähigkeit	0,45—0,70
über 1 t Zuladefähigkeit	1,00—1,20

Es zeigt sich, daß bei den kleineren Einheiten der Schnellflugzeuge mit einer Zuladefähigkeit bis zu 1000 kg der Nutzraum auf das denkbar kleinste Maß herabgesetzt ist. Dieser geringe spezifische Nutzraum wird durch die Verringerung der Rumpfhöhe und Rumpfbreite zum Zwecke der Widerstandsverminderung bedingt. Für Post- und Frachtbeförderung reicht er zwar vollkommen aus, für den Personenverkehr werden jedoch nur knapp dieselben Verhältnisse erreicht wie im Kraftwagen; Sitzbreiten von 0,50 m werden für genügend erachtet und der Bequemlichkeit der Passagiere wird nur in höchst ungenügender Weise Rechnung getragen. Hier muß noch Abhilfe geschaffen werden, wenn auch der Mangel an Komfort sich nicht allzu nachteilig auswirken kann, da wohl kaum beabsichtigt ist, diese Baumuster auf größeren Strecken einzusetzen.

Aus der richtigen Erkenntnis heraus, daß auf großen Strecken das reisende Publikum nur dann von einer Schnellverbindung Gebrauch machen wird, wenn die Gewähr gegeben ist, daß die Be-

[1]) Pirath, „Die Grundlagen der Verkehrswirtschaft“. Berlin 1934.

nutzung nicht allzu anstrengend und ermüdend ist[1]), hat man sich bei den größeren Baumustern mit über 1000 kg Zuladefähigkeit wieder ganz den Verhältnissen des Normalluftverkehrs angenähert. Mit diesen Maschinen kann man den Reisenden das heute höchstmögliche Maß an Bequemlichkeit und Komfort bieten, so daß die Vorteile des Schnellverkehrs auch auf langen Strecken voll ausgenutzt werden können.

Die ausreichende Bemessung und geräumige Ausführung des Kabinenraums wird bei den großen Schnellflugzeugtypen durch die aus Gründen der Verkehrssicherheit und konstruktiven Ausführung erfolgte Unterteilung des Triebwerks ermöglicht, die bei den kleineren Baumustern aus baulichen und wirtschaftlichen Gründen nicht angängig ist. Der Rumpf kann bei Unterteilung des Triebwerks und zweimotoriger Bauart als Kanzelrumpf ausgeführt werden und bietet dann infolge seiner spezifischen Eigenart so günstige Raumverhältnisse, daß allen Wünschen und Bedürfnissen bei der Ausgestaltung des Kabinenraums Rechnung getragen werden kann.

Die Motoren werden bei dieser Bauausführung in, vor oder unter den Flügeln angeordnet. Durch diese Flügelanordnung der Motoren wird auch noch erreicht, daß die Lärmgeräusche in der Kabine viel geringer sind als bei Anordnung eines Motors vor dem Rumpf. Auf einen möglichst geräuschfreien Kabinenraum wird in letzter Zeit gerade bei den Schnellflugzeugen sehr großer Wert gelegt. Beim Douglas „Airliner DC-1“ z. B. ist die ganze Kabine schalldicht ausgekleidet. Die Dämpfung soll derart gut sein, daß eine größere Geräuschfreiheit erreicht wird als im normalen Pullman-Wagen[2]).

Zusammenfassend ist zu sagen, daß die größeren Schnellflugzeuge den Fluggästen mindestens dieselbe Bequemlichkeit bieten wie Normalflugzeuge, daß aber die kleineren Baumuster der Schnellflugzeuge trotz raffiniertester Raumausnutzung in dieser Hinsicht noch einiges zu wünschen übrig lassen und hier noch nach einer befriedigenden Lösung gesucht werden muß.

II. Die wirtschaftlichen Grundlagen des Luftschnellverkehrs

1. Wirtschaftlichkeit der konstruktiven Maßnahmen zur Erhöhung der Geschwindigkeit

In dem Abschnitt „Ausbildung von Zelle und Motor bei Schnellflugzeugen“ wurde gezeigt, von welchen Faktoren die Fluggeschwindigkeit abhängig ist und durch welche Mittel eine Geschwindigkeitssteigerung erreicht werden kann. Jetzt sollen zunächst die konstruktiven Maßnahmen auf ihre Wirtschaftlichkeit untersucht werden, die ohne Erhöhung der Motorenleistung nur durch Verringern des Widerstands eine Geschwindigkeitssteigerung bewirken. Es handelt sich hierbei um Einrichtungen, die manchmal auch noch nachträglich an normalen Flugzeugen angebracht werden können, wie das Beispiel der Deutschen Lufthansa A.-G. zeigt, die im Jahre 1933 bei einem Teil ihrer Flugzeuge durch windschnittige Verkleidungen der Fahrgestelle usw. die Geschwindigkeiten um etwa 10—15% erhöhen konnte[3]). Alle diese Einrichtungen haben aber den Nachteil, daß sie ein zusätzliches Mehrgewicht mit sich bringen. Dieses Mehrgewicht geht jedoch nicht notwendig zuungunsten der zahlenden Nutzlast, da mit der erzielten höheren Geschwindigkeit bei gleicher Motorenleistung und unverändertem Betriebsstoffverbrauch eine Verminderung des mitgeführten Brennstoffvorrats zulässig ist, zumal die Benzinreserven für etwaige Verzögerung durch Gegenwind um so geringer sein können, je höher die Eigengeschwindigkeit ist[4]). Je größer die zwischen zwei Brennstoffaufnahmen zurückgelegte Flugstrecke ist, desto leichter ist es, das Mehrgewicht der Verkleidungen oder eines einschwenkbaren Fahrgestells durch Verringern der mitzuführenden Brennstoffmenge auszugleichen, wie im einzelnen noch durch Beispiele aus der Praxis belegt werden wird.

In den folgenden Untersuchungen kann zum Teil nur auf amerikanische Unterlagen zurückgegriffen werden, da in Europa noch keine genügenden Betriebserfahrungen vorliegen.

---

[1]) Pirath, „Die vom Standpunkt des Verkehrs an den Bau von Flugzeugen zu stellenden Anforderungen“. Forschungsergebnisse des Verkehrswissenschaftlichen Instituts für Luftfahrt, Heft 3. München 1930.

[2]) Zand, „Acoustics and the Aeroplane“. Journal Society automotive Engineers 1934, Nr. 2.

[3]) Interavia Nr. 67.

[4]) Everling, „Luftverkehr und Wind“. Verkehrstechnische Woche Bd. 22, Nr. 27.

Bei der Bewertung der beiden Verkleidungsarten für luftgekühlte Sternmotoren: Townend-Ring und N.A.C.A.-Haube sind neben ihren aerodynamischen Eigenschaften das Gewicht, die Kosten für Anschaffung und Wartung und die Ersparnisse im Betrieb abzuwägen. Für einen Motor von 400—500 PS wiegt die Verkleidungshaube einschließlich der Befestigungsteile 36 kg, der Ring mit Zubehör dagegen nur 9 kg. Das Mehrgewicht ist also nicht groß und wird bei Annahme einer Geschwindigkeitssteigerung von 5—13% durch den geringeren Betriebsstoffverbrauch je Flug-km leicht ausgeglichen.

Für die durch Geschwindigkeitssteigerung ermöglichten Ersparnisse sind die direkt von der Flugzeit abhängigen Betriebskosten maßgebend (Tabelle 4).

Tabelle 4. **Analyse der direkt von der Flugzeit abhängigen Kosten**[1])

Betriebsstoffkosten	12,6 %
Abschreibung der Motoren	5,7 %
Flugzeuginstandhaltung	12,7 %
Summe der von der Flugzeit abhängigen Kosten	31,0 %

Auf Grund der im folgenden Abschnitt durchgeführten Untersuchungen wurden die Gesamtkosten je Flugstunde eines einmotorigen Flugzeugs von 250 km/h Höchstgeschwindigkeit und 0,5 t Nutzladefähigkeit zu 383 RM. angenommen. Die bei der Verwendung von Motorverkleidungen sich ergebenden zusätzlichen Betriebskosten und möglichen Ersparnisse wurden in Tabelle 5 zusammengestellt.

Tabelle 5. **Betriebskosten der Motorverkleidungen**

	N.A.C.A.-Haube RM.	Ring RM.
1. Gesamtkosten je Flugstunde	383,00	383,00
2. Kosten je Flugstunde direkt abhängig von der Flugzeit	119,00	119,00
3. Gewinn je Flugstunde durch höhere Geschwindigkeit	11,90	9,50
4. Mehrkosten je Flugstunde durch Abschreibung[2])	2,60	0,55
5. Mehrkosten je Flugstunde durch Kapitalverzinsung (6 %)	0,49	0,10
6. Zusätzliche Wartungskosten[2]) je Flugstunde	0,42	0,21
Ersparnis je Flugstunde 3 — (4 + 5 + 6)	8,39	8,64

Es zeigt sich, daß die bei gleicher Motorenleistung gesteigerte Geschwindigkeit durch die größere bei einer bestimmten Brennstoffaufnahme zurückgelegte Strecke eine Reinersparnis von 8,39 RM. bei der Haube und von 8,64 RM. beim Ring je Flugstunde mit sich bringen würde. Hierbei wurde bei der Haube eine Geschwindigkeitssteigerung von 10% und beim Townend-Ring eine solche von 8% angenommen. Für die Abschreibung und Verzinsung wurde eine Lebensdauer der Verkleidungen von 1000 Betriebsstunden bei einer Jahresleistung des Flugzeugs von 320 Flugstunden zugrunde gelegt. Die zusätzlichen Wartungskosten entstehen dadurch, daß bei dem häufig notwendigen Nachsehen des Motors die Verkleidung abgenommen werden muß. Das Abnehmen des Rings erfordert nur das Lösen von drei Schrauben und das Abstreifen von zwei Sicherungsbändern. Er läßt sich von einem Mann in 5 Minuten abbauen und in 6—8 Minuten wieder aufsetzen. Bei der Haube dauert die Montage etwa doppelt so lange, da sie naturgemäß umständlicher zu entfernen und wieder aufzubringen ist.

Bei Flugzeugen mit luftgekühlten Sternmotoren von über 200 km/h Höchstgeschwindigkeit dürfte sich die Anbringung eines Townend-Rings auf jeden Fall empfehlen. Bei über 260 km/h wird man zu der N.A.C.A.-Haube übergehen, da sie in diesem Bereich wegen ihrer aerodynamischen Überlegenheit wirtschaftlicher ist als der Townend-Ring.

---

[1]) Pirath, „Die Luftfahrt-Wirtschaft der Vereinigten Staaten von Amerika". Forschungsergebnisse des Verkehrswissenschaftlichen Instituts für Luftfahrt, Heft 4. München 1931. — Jacobshagen, „Die Selbstkosten im Luftverkehr". Forschungsergebnisse des Verkehrswissenschaftlichen Instituts für Luftfahrt, Heft 3. München 1930.

[2]) Ewers, „Engine Ring Cowlings". Aeronautical Engineering 1932, Nr. 3.

Bei den flüssigkeitsgekühlten Motoren ist das Hauptgewicht auf Gewichtsersparnis und Verkleinerung der Kühlerfläche zu legen, denn der Widerstand des Motors an sich ist bei zweckmäßiger einfacher Verkleidung schon derart gering, daß hier Verbesserungen kaum zu erwarten sind.

Flugversuche mit einem Flugzeug guter Strömungsform, einziehbarem Kühler und einer Motorenleistung von 500 PS ergaben in 1500 m Höhe ein Anwachsen der Geschwindigkeit von 239 auf 249 km/h, wenn der Kühler vollständig eingezogen wurde. Auf diesen entfallen also im Mittel etwa 12% des Gesamtwiderstands gegenüber etwa 21% bei verkleidetem, luftgekühltem Motor[1]). Bei dem Versuch handelte es sich um einen wassergekühlten Motor, bei Verwendung von Heißkühlung würden sich viel günstigere Verhältnisse ergeben, da die Kühlerfläche hier um etwa 70% verkleinert werden kann und dadurch der Anteil des Kühlers am Gesamtwiderstand des Flugzeugs viel geringer wird. Auch das Gewicht der gesamten Anlage wird bei Heißkühlung herabgesetzt. Die Mehrkosten sind nicht erheblich und werden im wesentlichen durch den Beschaffungspreis und Verbrauch des Kühlmittels bestimmt, da bauliche Veränderungen des Motors nur in geringem Maß nötig sind (größeres Kolbenspiel, Spezialdichtungen). Vielleicht läßt sich bei Heißkühlung auch eine Brennstoffersparnis erzielen, wie bei einigen Prüfstandversuchen festgestellt werden konnte. Betriebserfahrungen hierüber liegen aber nicht vor.

Bei Untersuchung der Wirtschaftlichkeit der einschwenkbaren Fahrwerke muß, wie bei den Motorverkleidungen, zunächst untersucht werden, ob ihr zusätzliches Mehrgewicht durch Verringerung der mitzuführenden Brennstoffmenge ausgeglichen werden kann.

Beispiel: Einmotoriges Verkehrsflugzeug.

Fluggewicht	3100 kg
Zuladung	1100 kg
Betriebsgeschwindigkeit	225 km/h
Höchstgeschwindigkeit	280 km/h
Betriebsstoff- und Schmiermittelverbrauch	130 kg/h

Das einziehbare Fahrgestell bringt gegenüber dem festen Fahrgestell ein Mehrgewicht von 30 kg mit sich.

Eine 10%ige Geschwindigkeitszunahme würde die Flugzeit für eine gegebene Strecke um 9,1% verringern und so eine Ersparnis von 11,8 kg/h Betriebsstoff bewirken. Bei einem Flug von 600 km würde also (10%iger Geschwindigkeitszuwachs vorausgesetzt) das zusätzliche Gewicht des einschwenkbaren Fahrgestells keinen Einfluß mehr auf die Größe der zahlenden Nutzlast haben. Im allgemeinen wiegt ein festes Fahrgestell 6—9% des Rüstgewichts oder 11—15% der Zuladung (der Anteil kann schwanken zwischen 7 und 17%).

Ein einschwenkbares Fahrgestell wiegt etwa 10—20% mehr als ein festes und vermindert die Zuladung um 1—3%. Flugzeuge mit einer Leistungsbelastung von etwa 5 kg je PS haben einen stündlichen Betriebsstoffverbrauch von etwa 7—12% des Gewichts ihrer Zuladung. Bei einem Flug von 3 Std. würde also eine Geschwindigkeitserhöhung von 6—9%, bei einem zweistündigen Flug eine solche von 10—13% ausreichen, um durch Verringerung der mitgeführten Brennstoffmenge das zusätzliche Gewicht des einschwenkbaren Fahrgestells auszugleichen.

Dadurch, daß eine gegebene Strecke in kürzerer Flugzeit bewältigt werden kann, werden auch die direkt von der Flugzeit abhängigen Kosten kleiner, die etwa 31% der Gesamtkosten ausmachen (Tabelle 4).

Es ist nun zu untersuchen, welche Mehrausgaben ein einschwenkbares Fahrgestell verursacht. Der zusätzliche Beschaffungspreis schwankt zwischen 2000—6000 RM.[2]) je nach Größe, Art und Verwendungszweck der Maschine. Es entstehen also je Flugstunde 1,00—3,00 RM. zusätzliche Kosten durch Abschreibung, wenn die Lebensdauer des Fahrgestells mit 5 Jahren = 2000 Flugstunden veranschlagt wird. Hierzu kommen noch 0,30—0,90 RM. je Flugstunde für Kapitalverzinsung (6%) und 0,13—0,42 RM. je Flugstunde für zusätzliche Unterhaltungskosten[2]). Es entstehen also je Flugstunde insgesamt 1,43—4,32 RM. größere Unkosten. Obgleich wohl meistens keine Erhöhung der

---

[1]) Pye, „The Theory and Practice of Air Cooling". Aircraft Engineering, Februar 1933.

[2]) Mock, „Retractable Landing Gears". Aviation 1933, Nr. 2.

Versicherungsprämien vorgenommen werden wird, ist es doch möglich, daß sich die Prämien für Unfall- und Kaskoversicherung um etwa 1—2 % erhöhen werden[1]). Die Versicherungsprämien machen etwa 8,5 % der Gesamtkosten aus[2]), auf Prämien für Kasko und Unfall entfallen 40 % der Versicherungskosten oder 3,4 % der Gesamtkosten. Wenn diese Prämien mit Rücksicht auf das einschwenkbare Fahrgestell um 1—2 % erhöht werden, erhöhen sich die Gesamtbetriebskosten um 0,034 bis 0,068 %.

Tabelle 6. **Kostenaufstellung für einschwenkbare Fahrwerke**

		Einmotoriges Flugzeug
Gesamtkosten je Flugstunde	RM.	383,00
Kosten direkt abhängig von der Flugzeit	RM.	119,00
Zusätzliche Kosten je Flugstunde für einschwenkbares Fahrwerk	RM.	3,00
Zusätzliche Versicherungskosten je Flugstunde (0,06 % der Gesamtkosten)	RM.	0,25
Gesamter Kostenzuschlag je Flugstunde	RM.	3,25
Zunahme der direkt von der Flugzeit abhängigen Kosten	%	2,73
Zunahme der Gesamtkosten	%	0,85

Tabelle 7. **Kostenersparnis durch einschwenkbare Fahrwerke in Abhängigkeit von der dadurch erreichten Geschwindigkeitszunahme**

	Geschwindigkeitssteigerung		
	5 %	10 %	15 %
Ersparnis in Prozent der von der Flugzeit abhängigen Kosten	2,00	6,40	10,30
Ersparnis in Prozent der Gesamtkosten	0,62	1,98	3,20

Die Gesamtkosten verringern sich also bei Verwendung eines einschwenkbaren Fahrwerks je nach der erreichten Geschwindigkeitszunahme um etwa 0,6—3,0 %.

Bis zur Höchstgeschwindigkeit von etwa 280 km/h wird man wegen der baulichen Einfachheit und Billigkeit versuchen, mit verkleideten festen Fahrwerken auszukommen. Oberhalb dieser Geschwindigkeitsgrenze sollten aber alle Flugzeuge wegen des wesentlich geringeren Widerstands mit einschwenkbarem Fahrwerk gebaut werden.

Wie sich die übrigen durch den Schnellflug bedingten konstruktiven Maßnahmen wie: Schlitzflügel, Doppelflügel, Flügelendklappen, Schalenrumpf, Oberflächenbearbeitung usw. im einzelnen auf die Gesamtkosten auswirken, ist nicht festzustellen.

Sie äußern sich bei den nachfolgenden Untersuchungen über die Gesamtkosten in einem stärkeren Anstieg der Preiskurve von Flugzeugzellen für ausgesprochene Schnellflugzeuge und beeinflussen alle Kosten, die direkt vom Beschaffungspreis der Zelle abhängig sind, also die vom Verkehrsumfang unabhängigen Kosten.

2. Ermittlung und Vergleich der Selbstkosten bei Flugzeugbaumustern verschiedener Höchstgeschwindigkeit

Für die Entwicklung des Luftschnellverkehrs und die Beurteilung seines Verkehrswerts ist die Frage entscheidend, welche Kosten durch die Geschwindigkeitssteigerung verursacht werden, und ob es möglich ist, den Luftschnellverkehr wirtschaftlich aufzuziehen.

Wenn hier und in den nachfolgenden Untersuchungen von Wirtschaftlichkeit gesprochen wird, so ist darunter immer nur die Wirtschaftlichkeit des Betriebs bzw. des technischen Mittels an sich zu verstehen, also die Selbstkosten des Betriebs bezogen auf die Leistungseinheit : Flug-km oder Tonnen-km, nicht aber die Wirtschaftlichkeit des Luftverkehrs als Unternehmen. Beim Luftverkehr als Unternehmen liegen die Verhältnisse so, daß heute nur 21—53 % der Ausgaben durch

[1]) Mock, „Retractable Landing Gears". Aviation 1933, Nr. 2,

[2]) Pirath, „Die Luftfahrt-Wirtschaft der Vereinigten Staaten von Amerika". Forschungsergebnisse des Verkehrswissenschaftlichen Instituts für Luftfahrt, Heft 4. München 1931.

Verkehrseinnahmen gedeckt werden können[1]). Der Luftverkehr ist also, von ganz wenigen Ausnahmen abgesehen, heute immer unwirtschaftlich, und auch die Einführung des Luftschnellverkehrs wird kaum sobald eine volle Wirtschaftlichkeit bringen.

Es handelt sich bei den nachfolgenden Betrachtungen immer nur darum, zu untersuchen, wie sich die Kosten beim Betrieb von Schnellflugzeugen zu den Kosten beim Betrieb von normalen Flugzeugen verhalten. Wenn hierbei dann von Wirtschaftlichkeit gesprochen wird, so soll damit nur ausgedrückt werden, daß die Gesamtkosten beim Betrieb des einen Verkehrsmittels gleich oder niedriger sind als die Gesamtkosten beim Betrieb des anderen Verkehrsmittels.

Wenn man die von Jacobshagen in Heft 3 der „Forschungsergebnisse des Verkehrswissenschaftlichen Instituts für Luftfahrt" angegebene Selbstkostenanalyse zugrunde legt, kann man zunächst zwei Kostenarten, nämlich von der Geschwindigkeit abhängige und unabhängige Kosten unterscheiden. Es sind:

I. Von der Geschwindigkeit unabhängige Kosten:

1. Funk- und Wetterdienst
2. Flugleitung
3. Verwaltung
4. Gehälter der Piloten und technischen Angestellten
5. Fluggelder
6. Flughafengebühren
7. Zubringerdienst
8. Provisionen
9. Werbekosten.

II. Von der Geschwindigkeit abhängige Kosten:

10. Betriebsstoffe
11. Abschreibung der Zellen
12. Abschreibung der Motoren
13. Unterhaltung der Flugzeuge
14. Zinsendienst
15. Versicherungen.

Die Fluggelder werden willkürlich als von der Geschwindigkeit unabhängig angenommen. Wieweit diese Annahme berechtigt ist, wird später noch besprochen werden.

Die Kosten unter 10—15 sind insofern von der Geschwindigkeit abhängig, als der Beschaffungspreis von Zelle und Motor mit der Geschwindigkeit wächst und Unterhaltung, Abschreibung, Zinsendienst und Versicherungen vom Beschaffungspreis direkt abhängig sind.

Wenn im Nachstehenden der Versuch gemacht wird, die Selbstkosten bei Verwendung von Flugzeugbaumustern verschiedener Höchstgeschwindigkeit zu ermitteln, so haben die Ergebnisse nur Vergleichswert. Sie treffen nur zu für einen bestimmten praktischen Luftverkehrsbetrieb und sind nur in diesem Fall von absoluter Bedeutung. Die Selbstkosten hängen nämlich weitgehend von der Struktur der Gesellschaft und des Liniennetzes, den besonderen örtlichen Verhältnissen und der Größe und Bauweise der zum Einsatz kommenden Flugzeuge ab, so daß sie jeweils von den hier ermittelten Werten mehr oder weniger stark abweichen werden. Bei der Berechnung wurde die Einheit der Verkehrsleistung zugrunde gelegt und die Selbstkosten je angebotenes Nutz-tkm ermittelt.

Bei der Feststellung der von der Geschwindigkeit abhängigen Kosten galt es, zunächst den Beschaffungspreis von Zelle und Motor bzw. den Kraftbedarf von Baumustern verschiedener Höchstgeschwindigkeit festzustellen. Die Höchstgeschwindigkeit wurde deshalb als Vergleichsmaßstab gewählt, weil sie einen absoluten Wert darstellt, während die Angaben über die Betriebsgeschwindigkeiten immer unter verschiedenen Bedingungen gewonnen werden. Um bei Ermittlung des Beschaf-

---

[1]) Pirath, „Luftverkehrspolitik und Stand des Weltluftverkehrs". Forschungsergebnisse des Verkehrswissenschaftlichen Instituts für Luftfahrt, Heft 4. München 1931.

fungspreises der Zelle und des Leistungsbedarfs richtige Vergleichswerte zu erhalten, wurden nur Flugzeugbaumuster untersucht, die bei gleicher Reichweite (800 km) und bei gleicher Bauweise (Gemischtbau) eine Nutzladefähigkeit von etwa 0,5 t hatten.

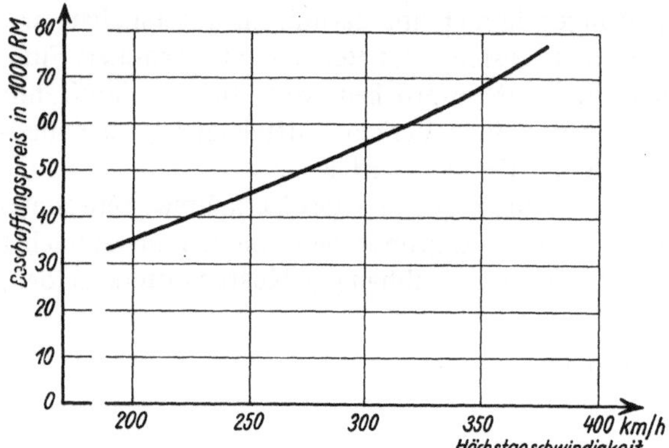

Abb. 4. Beschaffungspreise der Zellen von Flugzeugen verschiedener Höchstgeschwindigkeit (Gemischtbau, 500 kg Nutzladefähigkeit bei 800 km Reichweite)

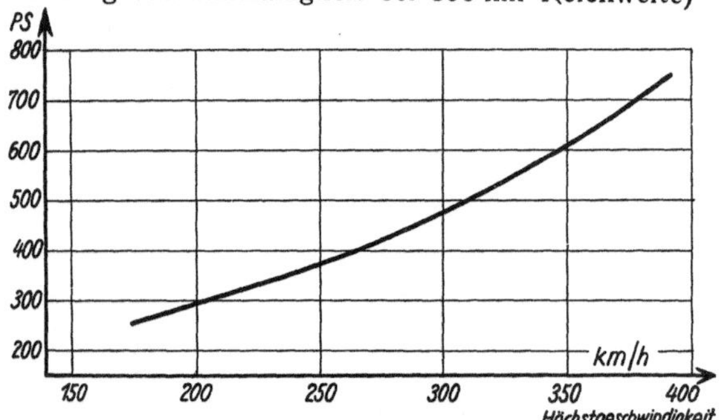

Abb. 5. Leistungsbedarf von Flugzeugen verschiedener Höchstgeschwindigkeit (500 kg Nutzladefähigkeit bei 800 km Reichweite)

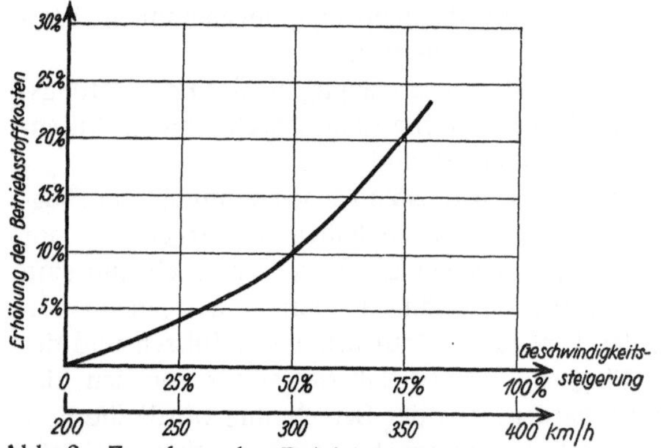

Abb. 6. Zunahme der Betriebsstoffkosten je Flug-km und angebotenes Nutz-tkm in Abhängigkeit von der Geschwindigkeitssteigerung

Diesen Annahmen entsprechen die meisten der im Verkehr befindlichen Schnellflugzeuge und besonders die in Deutschland entwickelten Baumuster.

Bei Einsatz von Flugzeugen höherer Größenordnung werden sich die Selbstkosten entsprechend ändern, besonders bei Maschinen in Ganzmetallbauart. Bei diesen erhöhen sich der Beschaffungspreis der Zelle und die davon abhängigen Kosten beträchtlich, während andererseits z. B. bei den Unterhaltungskosten Ersparnisse erzielt werden können.

Da der Zweck der Untersuchung nur ist, die Entwicklungs*tendenz* der Selbstkosten in Abhängigkeit von der Geschwindigkeit zu ermitteln, genügt die verwendete Vergleichsbasis vollauf, besonders, da sie sowieso den größten Teil der im praktischen Betrieb vorhandenen Schnellflugzeuge erfaßt.

Beim Vergleich der *Beschaffungskosten* der Flugzeugzellen von Flugzeugen verschiedener Höchstgeschwindigkeit zeigt sich, daß die Preise im Bereich zwischen 200 und 300 km/h linear mit der Geschwindigkeit wachsen (Abb. 4). Bei über 300 km/h wird der Anstieg der Preiskurve steiler, was durch hohe Entwicklungskosten und außergewöhnliche konstruktive Maßnahmen bedingt wird, die zur Erreichung von Wirtschaftlichkeit und Verkehrssicherheit bei diesen hohen Geschwindigkeiten notwendig sind.

Der *Leistungsbedarf* eines Flugzeugs wächst theoretisch mit der 3. Potenz der Geschwindigkeit. Voraussetzung dabei ist aber, daß die aerodynamischen Gütezahlen der Vergleichsflugzeuge gleich sind. Dies ist in der Praxis aber nicht der Fall, da bei den schnelleren Flugzeugen mehr auf aerodynamische Hochwertigkeit geachtet wird als bei langsameren, so daß letztere einen verhältnismäßig viel größeren Kraftbedarf haben als die ausgesprochenen Schnellflugzeuge (Abb. 5). Die der Praxis entnommenen Werte des Leistungsbedarfs zeigen, daß dieser zwischen 200 und 250 km/h linear und über 300 km/h mit dem Quadrat der Geschwindigkeit wächst.

Als Beschaffungspreis der Motoren wurden 60 RM./PS angenommen und mit einer durchschnittlichen Lebensdauer von 1000 Flugstunden gerechnet.

Der Betriebsstoffverbrauch wurde zu 0,25 kg/PSh angenommen. Um dem Ölverbrauch Rechnung zu tragen, wurde das Kilogramm Betriebsstoff zu 0,55 RM. berechnet und ein großer Sicherheitszuschlag dadurch erreicht, daß der stündliche Brennstoffverbrauch aus der Volleistung errechnet wurde, während in Wirklichkeit im Reiseflug ($0,8\, v_{max}$) die Motorleistung um etwa 35% gedrosselt wird.

Auf Grund früherer Ermittlungen des Verkehrswissenschaftlichen Instituts für Luftfahrt[1]) wurde gerechnet für:

Abschreibung der Zelle:	jährlich	20%	des Beschaffungspreises der Zelle,
Zinsendienst:	„	6%	des Gesamtbeschaffungspreises des Flugzeugs,
Versicherungsprämien:	„	15%	des Gesamtbeschaffungspreises des Flugzeugs.

Die Kosten für Unterhaltung des Flugzeugs wurden bei jährlich 400 Flugstunden zu 20% des Gesamtbeschaffungspreises des Flugzeugs berechnet.

Für die Errechnung der für Fluggelder aufzuwendenden Mittel wurde ein Einheitssatz von 0,14 RM. je angebotenes Nutz-tkm zugrunde gelegt. Die Geschwindigkeit des Flugzeugs wird bei dieser Berechnung nicht berücksichtigt, da wohl jede Gesellschaft diese Frage anders lösen wird und anzunehmen ist, daß sich die Höhe der Fluggelder nur in der Übergangszeit auf Luftschnellverkehr nach der Geschwindigkeit staffeln wird. Nach dieser Periode dürfte die Höhe der Kilometersätze wohl wieder, so wie es heute üblich ist, von der Größenordnung des Flugzeugs und der Schwierigkeit des Kurses bestimmt werden, wobei für Nachtflüge noch besondere Zuschläge hinzukommen. Abgesehen von den Fluggeldern erhalten die Piloten noch ein Grundgehalt, das mit dem Dienstalter steigt.

In Amerika trafen vier der bedeutendsten Luftfahrtgesellschaften, nämlich: American Airways, Eastern Air Transport, United Air Lines und Western Air Expreß gemeinsam folgende Regelung:

Die Fluggelder werden nach Flugstunden berechnet, wobei die Höhe der Prämie mit der Geschwindigkeit des Flugzeugs wächst.

Tabelle 8. **Fluggelder der Piloten in den Vereinigten Staaten von Amerika**

	Höchstgeschwindigkeit bis zu					
	200 km/h	225 km/h	250 km/h	280 km/h	320 km/h	darüber
Je Flugstunde . . . . RM.	16,80	17,60	18,50	19,30	20,50	21,00
Entsprechend je Flug-km . . . . . RM.	0,084	0,078	0,074	0,069	0,064	0,06

Für Nachtflüge ist ein Zuschlag von 9,25 RM. je Flugstunde vorgesehen. Das feste Mindestjahresgehalt beträgt 4200 RM. und kann durch eine jährliche Erhöhung um 900 RM. die Höchstgrenze von 12500 RM. erreichen, wozu dann noch die Flugstundengelder kommen.

Der den Berechnungen zugrunde gelegte Kilometersatz würde in Amerika dem Flugstundensatz von Flugzeugen mit einer Höchstgeschwindigkeit zwischen 250 und 280 km/h entsprechen.

Die errechneten Gesamtkosten je angebotenes Nutz-tkm für die verschiedenen Flugzeugbaumuster zeigt Tabelle 9. Es ergibt sich, daß bei gleicher jährlicher Kilometerleistung die Kosten bei Steigerung der Geschwindigkeit wachsen. Die Zunahme der Gesamt- und Einzelkosten in Abhängigkeit von der Geschwindigkeit wurde graphisch dargestellt, um den Verlauf der Kostensteigerung zu veranschaulichen. Ferner wurde für eine Steigerung der Höchstgeschwindigkeit von 200 km/h auf 360 km/h die Zunahme der Einzel- und Gesamtkosten in Tabelle 10 zahlenmäßig zusammengestellt, um eine bessere Vergleichsmöglichkeit und Übersicht zu geben, wie sich die einzelnen Kostenarten bei einem ausgesprochenen Schnellflugzeug gegenüber einem Normalflugzeug ändern.

Auffallend ist der geringe Anteil der zusätzlichen Betriebsstoffkosten an der Erhöhung der „Gesamtgrundkosten", wobei unter „Gesamtgrundkosten" die Gesamtkosten je angebotenes Nutz-tkm des Normalflugzeugs ($v_{max} = 200$ km/h) zu verstehen sind. Auch die Zunahme der Betriebsstoffkosten an sich ist verhältnismäßig gering und auf die äußerst günstige aerodynamische Ausgestaltung der Schnellflugzeuge zurückzuführen, die aber andererseits eine starke Erhöhung des Beschaffungspreises der Zelle mit sich bringt, so daß sich die vom Beschaffungspreis abhängigen Kosten, wie Unterhaltung, Abschreibung, Zinsendienst und Versicherungen, auch stark erhöhen. Hieraus

[1]) Jacobshagen, „Die Selbstkosten im Luftverkehr". Forschungsergebnisse des Verkehrswissenschaftlichen Instituts für Luftfahrt, Heft 3. München 1930.

Tabelle 9. **Selbstkostenaufstellung für Flugzeugbaumuster verschiedener Höchstgeschwindigkeit** (Angenommene Verkehrsleistung: 32000 tkm = 64000 Flug-km je Jahr)

	Flugzeug I		Flugzeug II		Flugzeug III		Flugzeug IV		Flugzeug V	
Höchstgeschwindigkeit	200 km/h		250 km/h		300 km/h		340 km/h		360 km/h	
Mittlere Fluggeschwindigkeit	160 km/h		200 km/h		240 km/h		272 km/h		288 km/h	
Kostenarten	RM./tkm	%	RM./tkm	%	RM./tkm	%	RM./tkm	%	RM./tkm	%
1	2	3	4	5	6	7	8	9	10	11
I. Veränderliche Kosten:										
Betriebsstoffe	0,50	13,8	0,52	13,6	0,55	13,6	0,59	13,7	0,61	13,8
Unterhaltung der Flugzeuge .	0,34	9,4	0,34	8,9	0,35	8,7	0,37	8,6	0,38	8,6
Abschreibung der Motoren .	0,22	6,1	0,23	6,0	0,24	5,9	0,26	6,0	0,27	6,1
Zubringerdienst.	0,04	1,0	0,04	1,0	0,04	1,0	0,04	0,9	0,04	0,9
Flughafengebühren	0,04	1,0	0,04	1,0	0,04	1,0	0,04	0,9	0,04	0,9
Fluggelder	0,14	3,8	0,14	3,7	0,14	3,5	0,14	3,3	0,14	3,2
Provisionen	0,06	1,6	0,06	1,6	0,06	1,5	0,06	1,4	0,06	1,3
Summe der veränderlichen Kosten	1,34	36,7	1,37	35,8	1,42	35,2	1,50	34,8	1,54	34,8
II. Feste Kosten:										
Abschreibung der Zellen . .	0,22	6,1	0,28	7,3	0,35	8,6	0,41	9,5	0,44	9,9
Versicherungen	0,25	6,8	0,32	8,4	0,39	9,6	0,47	10,9	0,51	11,5
Zinsen.	0,10	2,7	0,13	3,4	0,16	4,0	0,19	4,4	0,21	4,7
Funk- und Wetterdienst . .	0,11	3,0	0,11	2,9	0,11	2,7	0,11	2,6	0,11	2,5
Flugleitung und Zentralverwaltung	0,88	24,3	0,88	23,0	0,88	21,7	0,88	20,5	0,88	19,9
Werftbetrieb	0,20	5,5	0,20	5,2	0,20	4,9	0,20	4,7	0,20	4,5
Gehälter der Piloten und technischen Angestellten . . .	0,42	11,6	0,42	10,9	0,42	10,3	0,42	9,8	0,42	9,5
Werbekosten	0,12	3,3	0,12	3,1	0,12	3,0	0,12	2,8	0,12	2,7
Summe der festen Kosten . . .	2,30	63,3	2,46	64,2	2,63	64,8	2,80	65,2	2,89	65,2
Gesamtkosten je Nutz-tkm . . .	3,64	100,0	3,83	100,0	4,05	100,0	4,30	100,0	4,43	100,0

Tabelle 10. **Zunahme der Selbstkosten bei einer Steigerung der Höchstgeschwindigkeit von 200 km/h auf 360 km/h**

Geschwindigkeitssteigerung	80,0 %
Erhöhung der „Gesamtgrundkosten" durch zusätzliche Betriebsstoffkosten	3,2 %
Erhöhung der „Gesamtgrundkosten" durch zusätzliche Kosten für Unterhaltung, Abschreibung, Zinsendienst und Versicherungen	18,5 %
Zunahme der Gesamtkosten	21,7 %
Zunahme der Betriebsstoffkosten	23,4 %
Zunahme der Unterhaltungskosten	13,1 %
Zunahme der Kosten für Abschreibung von Motor und Zelle, Zinsendienst und Versicherungen . . .	81,0 %

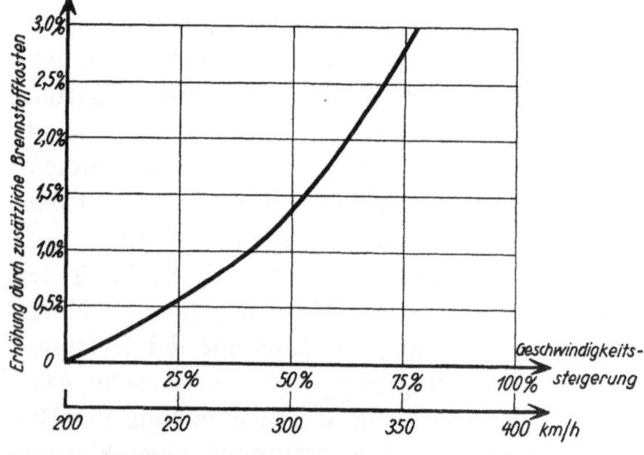

Abb. 7. Erhöhung der Gesamtgrundkosten je Flug-km und angebotenes Nutz-tkm durch zusätzliche Betriebsstoffkosten in Abhängigkeit von der Geschwindigkeitssteigerung

erklärt sich das unverhältnismäßig starke Anwachsen dieser Kosten und ihr hoher Anteil an der Erhöhung der Gesamtkosten.

Um das Schnellflugzeug wirtschaftlich einsetzen zu können, muß man versuchen, die Selbstkosten zu senken. Dies ist ohne weiteres möglich durch bessere Ausnutzung der Flugzeuge, d. h. durch Erhöhung der jährlichen Flug-km.

Um festzustellen, wann die Selbstkosten der Flugzeuge II bis V (Tabelle 9) gleich denen des Normalflugzeugs I sind, wurden die Kennlinien der Selbstkosten je angebotenes Nutz-tkm in Abhängigkeit von der jährlichen Flug-km-Leistung aufgenommen. Aus diesen Kennlinien wurde die jährliche Kilometerleistung graphisch ermittelt, bei der die Gesamtkosten der verschiedenen Flugzeugbaumuster gleich sind (Abb. 12).

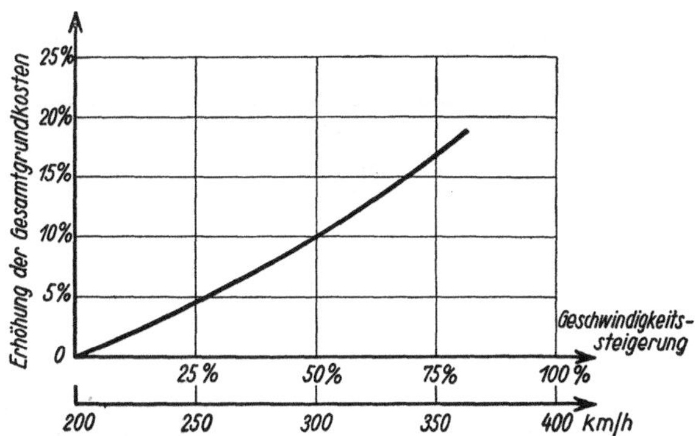

Abb. 8. Erhöhung der Gesamtgrundkosten je Flug-km und angebotenes Nutz-tkm durch zusätzliche Kosten für Unterhaltung, Abschreibung, Zinsendienst und Versicherungen in Abhängigkeit von der Geschwindigkeitssteigerung

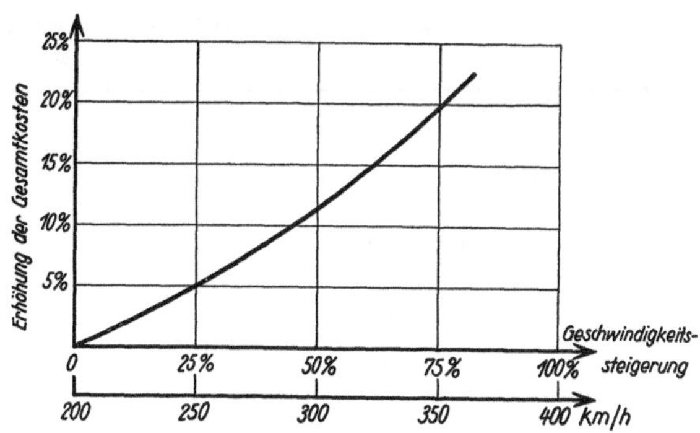

Abb. 9. Zunahme der Gesamtkosten je Flug-km und angebotenes Nutz-tkm in Abhängigkeit von der Geschwindigkeitssteigerung

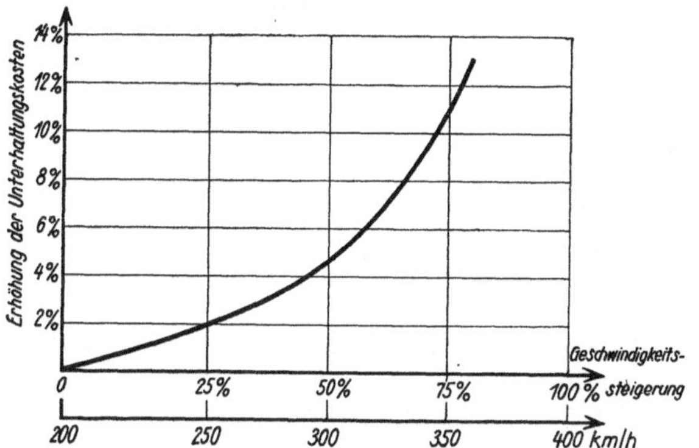

Abb. 10. Zunahme der Unterhaltungskosten je Flug-km und angebotenes Nutz-tkm in Abhängigkeit von der Geschwindigkeitssteigerung

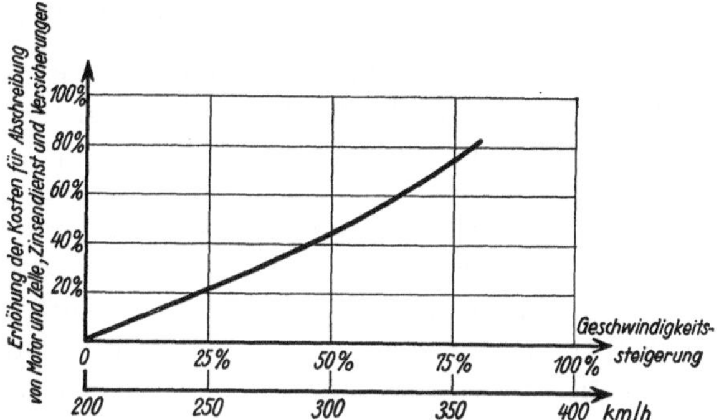

Abb. 11. Zunahme der Kosten je Flug-km und angebotenes Nutz-tkm für Abschreibung von Motor und Zelle, Zinsendienst und Versicherungen in Abhängigkeit von der Geschwindigkeitssteigerung

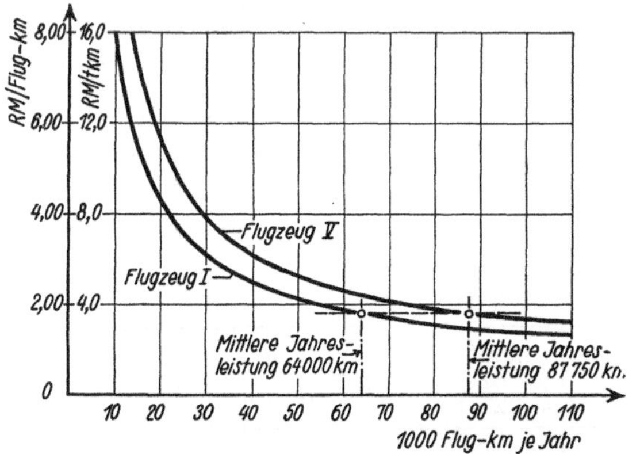

Abb. 12. Verfahren bei der graphischen Ermittlung der zur Angleichung der Selbstkosten je Flug-km und angebotenes Nutz-tkm erforderlichen höheren Jahresleistung. Gezeigt am Beispiel der Flugzeuge I und V

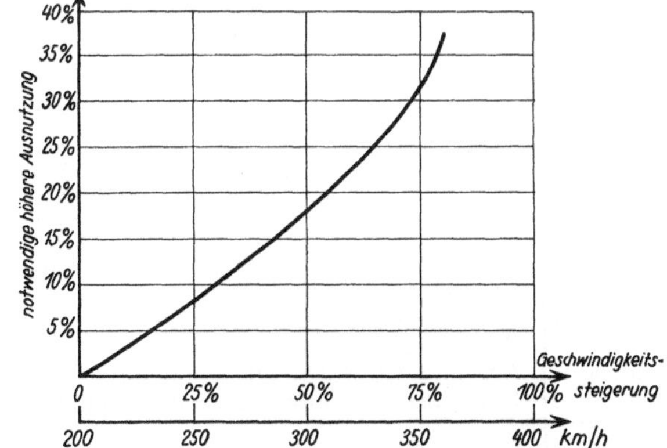

Abb. 13. Zur Angleichung der Selbstkosten je Flug-km und angebotenes Nutz-tkm notwendige höhere Ausnutzung des Flugzeugparks in Abhängigkeit von der Geschwindigkeitssteigerung

Die Werte der nachstehenden Tabelle wurden in Abb. 13 noch einmal graphisch dargestellt, so daß auch Zwischenwerte ermittelt werden können.

Tabelle 11. **Erforderliche jährliche Flug-km-Leistung der verschiedenen Flugzeugbaumuster zur Angleichung der Selbstkosten**

	Flugzeug				
	I	II	III	IV	V
Jährliche Flug-km	64000	69250	75750	82000	87750
Erforderliche höhere betriebliche Ausnutzung in Prozent	—	8,2	18,4	28,1	37,0

Die bei der allgemeinen Selbstkostenberechnung in Tabelle 9 und bei der notwendigen Erhöhung der Ausnutzung in Tabelle 11 zugrunde gelegte Betriebsleistung von 64000 km je Flugzeug und Jahr entspricht dem durchschnittlichen Beschäftigungsgrad des Flugzeugparks der europäischen Luftfahrtgesellschaften. Im nächsten Abschnitt wird untersucht werden, ob der Einsatz von Schnellflugzeugen derartige verkehrliche Vorteile mit sich bringt, daß sich unter sonst gleichen Verhältnissen eine größere Ausnutzung erreichen läßt und dadurch eine Angleichung der Selbstkosten an die des normalen Luftverkehrs möglich ist.

III. Verkehrswirtschaftliche Vor- und Nachteile beim Einsatz von Schnellflugzeugen

Der größte Vorteil des Schnellverkehrs ist seine hohe Geschwindigkeit, die sich, rein verkehrsmäßig betrachtet, nach allen Richtungen hin sehr günstig auswirkt. Die wirtschaftliche Ausnutzung dieses Vorteils läßt aber nur einen Einsatz von Schnellflugzeugen auf größeren Strecken mit weitem Abstand der Zwischenlandeplätze und äußerster Beschränkung derselben zu. Für kleinere Strecken, bei denen viele Zwischenlandungen gemacht werden müssen, kommt ein Schnellverkehr nicht in Frage, da die hohe Betriebsgeschwindigkeit durch die vielen Zwischenhalte zum größten Teil wieder verlorengeht. Die Abhängigkeit der Reisegeschwindigkeit von der Etappenlänge im Schnell- und Normalluftverkehr zeigt Tabelle 12. Die Aufenthaltszeiten auf den einzelnen Zwischenlandeplätzen wurden hierbei zu je 10 bzw. 20 Minuten angenommen. Der auffallende, unverhältnismäßig starke Abfall der

Tabelle 12. **Reisegeschwindigkeiten im Schnell- und Normalluftverkehr in Abhängigkeit von Etappenlänge und Zwischenhaltezeiten**

Streckenlänge		Etappenlänge 200 km				Etappenlänge 400 km			
		Aufenthaltszeit auf den Zwischenlandeplätzen				Aufenthaltszeit auf den Zwischenlandeplätzen			
		je 10 Min.		je 20 Min.		je 10 Min.		je 20 Min.	
	Mittlere Fluggeschwindigkeit km/h	300	160	300	160	300	160	300	160
400 km	Reisegeschwindigkeit km/h	268	150	240	141	300	160	300	160
	Absolute Geschwindigkeitsabnahme km/h	32	10	60	19	0	0	0	0
	Prozentuale Geschwindigkeitsabnahme %	10,7	6,3	20,0	11,9	0	0	0	0
600 km	Reisegeschwindigkeit km/h	257	147	225	136	—	—	—	—
	Absolute Geschwindigkeitsabnahme km/h	43	13	75	24	—	—	—	—
	Prozentuale Geschwindigkeitsabnahme %	14,3	8,1	25,0	15,0	—	—	—	—
800 km	Reisegeschwindigkeit km/h	252	145	218	133	282	155	267	150
	Absolute Geschwindigkeitsabnahme km/h	48	15	82	27	18	5	33	10
	Prozentuale Geschwindigkeitsabnahme %	16,0	9,4	27,3	16,9	6,0	3,1	11,0	6,2
1000 km	Reisegeschwindigkeit km/h	250	144	214	132	—	—	—	—
	Absolute Geschwindigkeitsabnahme km/h	50	16	86	28	—	—	—	—
	Prozentuale Geschwindigkeitsabnahme %	16,7	10,0	28,6	17,5	—	—	—	—

Mittlere Fluggeschwindigkeit $= V_f$,
Reisegeschwindigkeit (ohne Zubringerdienst) $= V_r$,
Absolute Geschwindigkeitsabnahme $= V_f - V_r$,
Prozentuale Geschwindigkeitsabnahme $= \frac{V_f - V_r}{V_f} \cdot 100$.

Reisegeschwindigkeiten beim Schnellverkehr erklärt sich daraus, daß hier einerseits bei den kleineren für die gleiche Strecke benötigten Flugzeiten der Anteil der Zwischenhaltezeiten an der Gesamtreisedauer und somit auch der prozentuale Geschwindigkeitsverlust viel größer wird als im Normalluftverkehr. Andererseits entspricht beim Schnellverkehr gegenüber dem Normalluftverkehr einem gleichen prozentualen Geschwindigkeitsverlust ein fast doppelt so großer absoluter Geschwindigkeitsverlust.

Die durch das schnelle Flugzeug bewirkte Verkürzung der Flugzeiten erhöht zwar die Reichweite des Nahverkehrs und erschließt neue Verkehrsmöglichkeiten dadurch, daß eine Reihe von Flugverbindungen, die heute ausfallen müssen, noch innerhalb der für den Flug zur Verfügung stehenden Tagesstunden durchgeführt werden können. Die Zweckmäßigkeit des Einsatzes jedoch und der verkehrswirtschaftliche Wert des Schnellflugzeugs wird durch seine Wirtschaftlichkeit im Verhältnis zum Normalflugzeug bestimmt. Diese gilt es jetzt zu untersuchen.

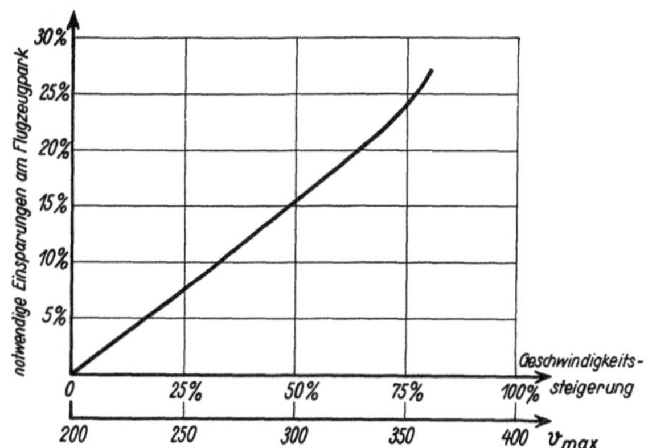

Abb. 14. Zur Angleichung der Selbstkosten je Flug-km und angebotenes Nutz-tkm notwendige Einsparungen am Flugzeugpark in Abhängigkeit von der Geschwindigkeitssteigerung

Durch den Einsatz schneller Flugzeuge wird die Leistungsfähigkeit des Verkehrsapparats gesteigert, und es kann mit einem gleichen Maschinenpark von Schnellflugzeugen ein größeres Verkehrsbedürfnis befriedigt werden als mit Normalflugzeugen. Es fragt sich aber, ob dieser Vorteil ausgenutzt werden kann, denn ein größeres Verkehrsbedürfnis ist zunächst nicht vorhanden, und es bleibt erst abzuwarten, wie das reisende Publikum sich auf die Einführung von Schnellflugzeugen einstellt.

Um daher zu einwandfreien Ergebnissen zu gelangen, müssen die bisherigen durchschnittlichen Verkehrsleistungen zugrunde gelegt werden, und es ist nicht festzustellen, wieviel größer die Verkehrsleistung bei gleichem Flugzeugpark sein könnte, sondern es ist zu untersuchen, ob es bei gleichbleibender Verkehrsleistung durch die besonderen verkehrlichen Vorteile des Schnellflugzeugs möglich ist, mit einem geringeren Flugzeugpark auszukommen. Durch die infolge der Einsparung von Flugzeugen ermöglichte höhere Ausnutzung können die Selbstkosten gesenkt werden. Tabelle 13 zeigt auf Grund der Untersuchungen des vorhergehenden Abschnitts, wieviel Flugzeuge bei den verschiedenen Geschwindigkeitsklassen gegenüber einem angenommenen Normalflugzeugpark eingespart werden müssen, um für alle Typen gleiche Selbstkosten je angebotenes Nutz-tkm zu erreichen.

Tabelle 13. **Erforderliche Verringerung des Flugzeugparks zur Angleichung der Selbstkosten bei Flugzeugbaumustern verschiedener Höchstgeschwindigkeit**

Höchstgeschwindigkeit . . . . km/h	200	250	300	340	360
Notwendige Einsparung . . . . %	—	7,6	15,5	22,0	27,0

Es ist nun auf Grund von theoretischen flugplantechnischen Erwägungen festzustellen, ob und in welcher Höhe eine Verkleinerung des Flugzeugparks möglich ist. Bei den nachfolgenden Untersuchungen werden den Normalflugzeugen ausgesprochene Schnellflugzeuge von etwa 360 km/h Höchstgeschwindigkeit gegenübergestellt, um die Vorteile des schnelleren Transportmittels voll in Rechnung setzen zu können. Wieweit man dies bei Flugzeugen mittelhoher Geschwindigkeiten machen kann, hängt stark vom Charakter des Liniennetzes und der Flugplangestaltung ab, so daß dort nur von Fall zu Fall entschieden werden kann.

1. Annahme: Verkehrsstrecke mit einem Zwischenlandeplatz, täglich einmal in jeder Richtung beflogen. Bei Einsatz von Schnellflugzeugen sei es infolge starker Verkürzung der Flugzeiten möglich, die Strecke mit einem Flugzeug hin und zurück zu befliegen. Bei Normalflugzeugen reiche die für den Flug zur Verfügung stehende Tageszeit nicht aus, um die Strecke mit einem Flugzeug hin und zurück zu befliegen. Praktisches Beispiel: Swissair-Expreß-Linie—D.L.H. Kurs Zürich—München—Wien.

Flugzeugeinsatz bei Normalflug:

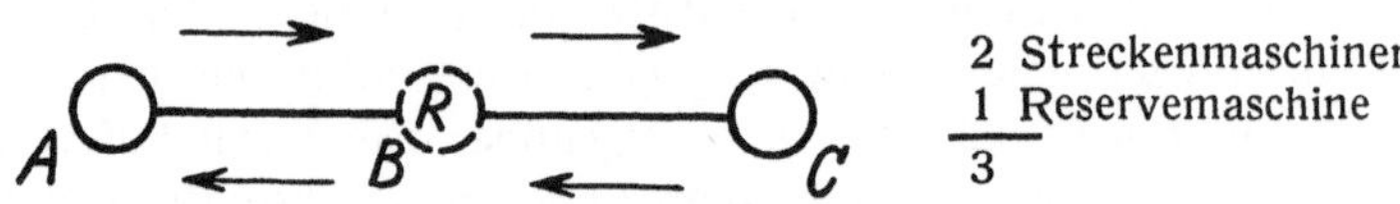

Flugzeugeinsatz bei Schnellflug:

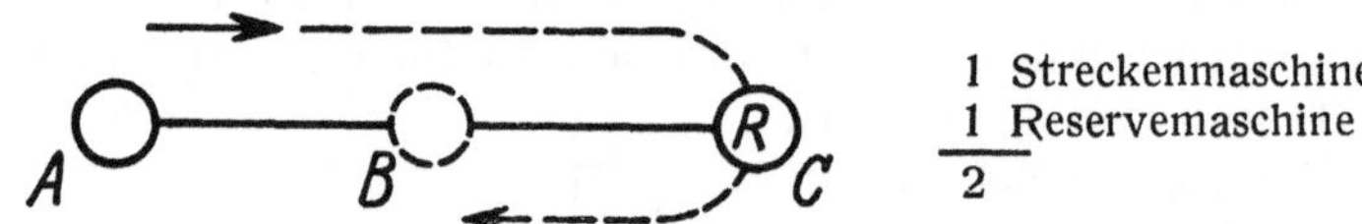

Normalflug. Vorteile: Günstigere (frühere) Abflugszeit von Endflughafen C, günstigere (frühere) Ankunfts- und Abflugszeit auf Zwischenhafen B in Richtung C—A, günstigere (frühere) Ankunft im Endhafen A.

Nachteile: Spätere Ankunfts- und Abflugszeit auf Zwischenhafen B in Richtung A—C, spätere Ankunft in Endhafen C. Längere Flugzeiten, mehr Maschinen.

Schnellflug. Vorteile: Frühere Ankunfts- und Abflugszeit auf Zwischenhafen B in Richtung A—C, frühere Ankunft im Endhafen C. Kürzere Flugzeiten, weniger Maschinen.

Nachteile: Spätere Abflugs- und Ankunftszeiten in Richtung C—A auf den End- und Zwischenhäfen C, B und A.

Verhältnis des Maschinenparks 3 : 2.

Theoretisch mögliche Einsparung durch Schnellflugzeuge 33%.

2. Annahme: Verkehrsstrecke und betriebliche Voraussetzungen wie in Annahme 1. Strecke wird jedoch zweimal täglich in jeder Richtung beflogen.

Flugzeugeinsatz bei Normalflug:

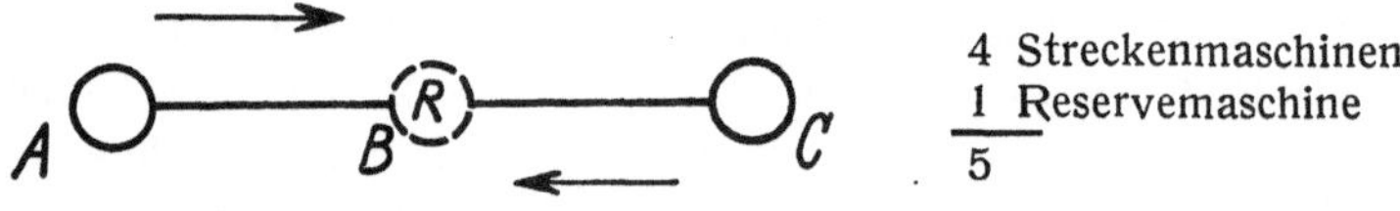

Flugzeugeinsatz bei Schnellflug:

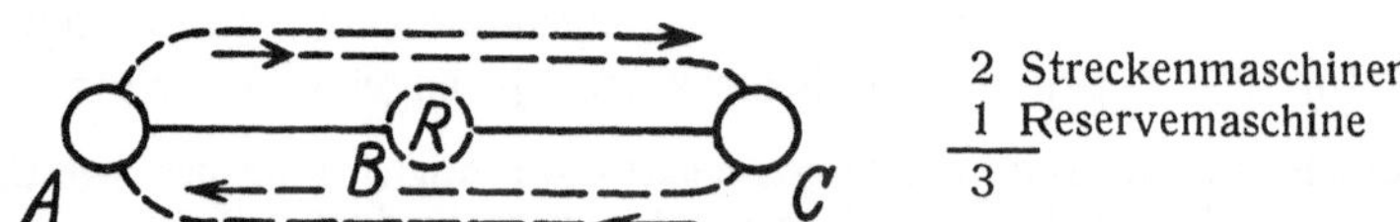

Normalflug. Vorteile: Günstigere Ankunfts- und Abflugszeiten der zweiten Verbindung auf den Häfen A, B und C, da die Zeiten unabhängig vom Gegenkurs festgesetzt werden können.

Nachteile: Spätere Ankunft der ersten Verbindung in den Zwischen- und Endhäfen, längere Flugzeiten, mehr Maschinen.

Schnellflug. Vorteile: Frühere Ankunftszeiten der ersten Verbindung, kürzere Flugzeiten, weniger Maschinen.

Nachteile: Spätere Ankunfts- und evtl. ungünstigere Abflugszeiten der zweiten Verbindung.

Verhältnis des Maschinenparks 5 : 3.

Theoretisch mögliche Einsparung durch Einsatz von Schnellflugzeugen 40%.

3. Annahme: Flugstrecke sei so groß, daß sie von Normalflugzeugen nicht innerhalb der zur Verfügung stehenden Tagesstunden bewältigt werden kann und in zwei Tagesetappen unterteilt werden muß. Das Schnellflugzeug dagegen befliege die gesamte Strecke infolge seiner hohen Geschwindigkeit und kürzeren Flugzeiten in einem Tage.

In der Praxis ist eine Strecke, wie sie oben in der Annahme vorausgesetzt wurde, meistens aus zwei oder mehreren Teilstrecken zusammengesetzt, die unabhängig voneinander beflogen werden und auf Durchgangsverkehr nicht eingerichtet sind. Es ist auch kaum anzunehmen, daß durchgehende Flugverbindungen über solche Strecken mit Normalflugzeugen aufgezogen werden, da durch die zwangsweise Übernachtung auf dem Zwischenhafen die Beförderung mit dem Flugzeug wahrscheinlich langsamer wird als mit dem Nacht-D-Zug.

Wenn nun auch in Wirklichkeit zwei Normalflugstrecken einer Schnellflugstrecke gegenüberstehen, so kann man dies beim Vergleich vernachlässigen, da ja nur die mögliche Einsparung am Flugzeugpark untersucht werden soll.

Die Vorteile beim Vergleich der beiden Verkehrsverbindungen liegen ganz auf seiten des Schnellflugs, da er neben einer ganz bedeutenden Zeitersparnis die durchgehende Flugverbindung überhaupt erst ermöglicht und außerdem noch eine Verringerung des Flugzeugparks gestattet.

Flugzeugeinsatz bei Normalflug:

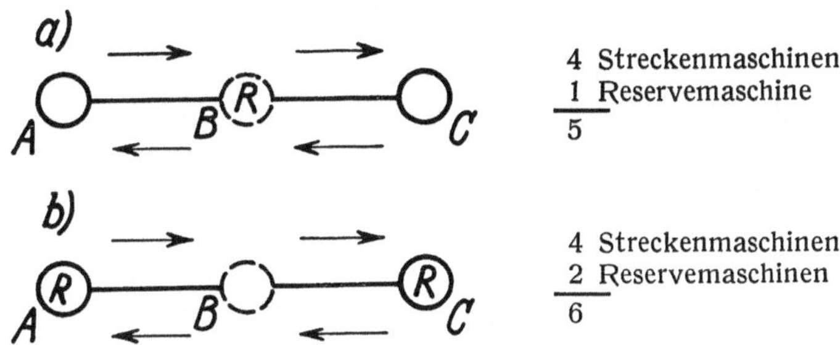

Flugzeugeinsatz bei Schnellflug:

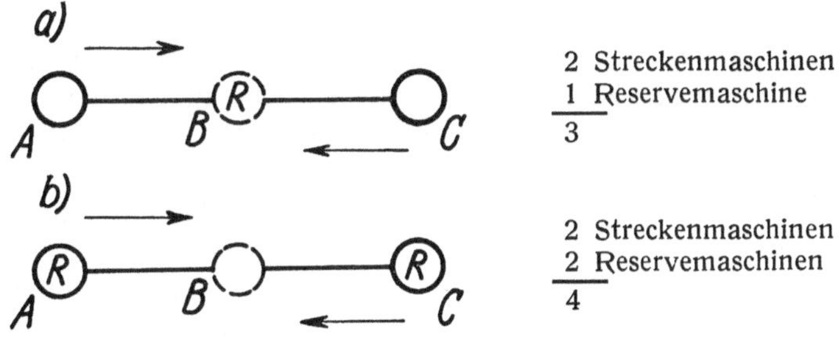

Gemeinsamer Einsatz von Normal- und Schnellflugzeugen:

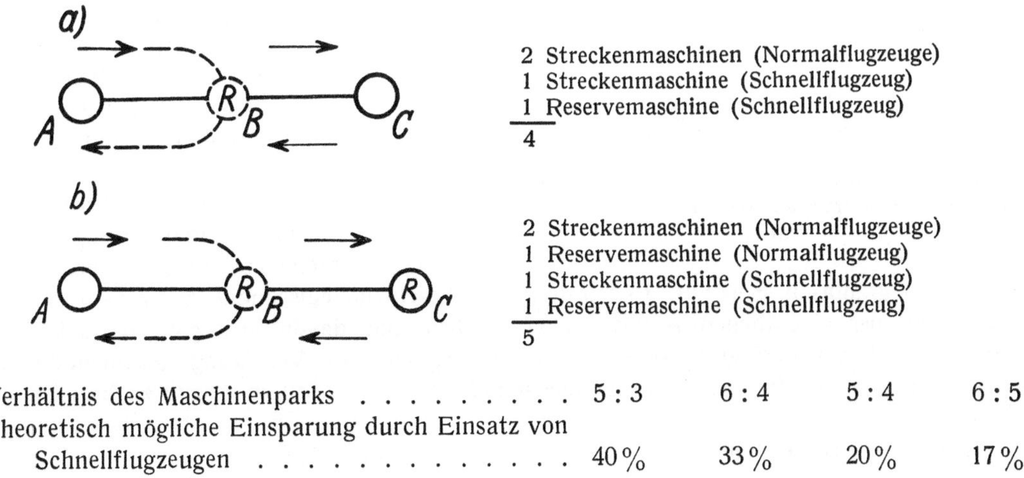

Verhältnis des Maschinenparks	5 : 3	6 : 4	5 : 4	6 : 5
Theoretisch mögliche Einsparung durch Einsatz von Schnellflugzeugen	40%	33%	20%	17%

Je nach Größe und Art der Strecke und der Flugplangestaltung ist also beim Einsatz von Schnellflugzeugen eine theoretische Einsparung von 17—40% möglich. Wenn die Einsparungen auch in der Praxis nicht so groß sein werden, da z. B. in Netzknotenpunkten aufgestellte Reserveflugzeuge mehrere Linien bedienen können und die Verhältnisse nie so kraß und eindeutig liegen werden, wie die Annahmen voraussetzten, so ist es doch wahrscheinlich, daß die ermöglichten Einsparungen so groß sein werden, daß die Selbstkosten der Schnellflugzeuge auf den Stand der Kosten bei Normalflugzeugen gesenkt werden können. Es wäre dann die Wirtschaftlichkeit ihres Einsatzes gegenüber den Normalflugzeugen gewährleistet, auch wenn man das infolge der günstigen Verbindungen bestimmt zu erwartende Anwachsen des Verkehrsbedürfnisses vernachlässigt.

Ist es durch höhere betriebliche Ausnutzung nicht ganz möglich, die Betriebskosten der Schnellflugzeuge denjenigen der Normalflugzeuge anzugleichen, so bleibt immer noch der Weg offen, für das schnellere Transportmittel einen Sonderzuschlag zu erheben und so die Differenz auszugleichen. Der Zuschlag wird vom reisenden Publikum in den meisten Fällen ohne weiteres bezahlt werden, wie das praktische Beispiel der „Swissair"-Expreß-Linie zeigt, bei der die Flugpreise gegenüber dem Normaldienst um etwa 15% erhöht wurden, ohne daß sich ein Rückgang der Nachfrage bemerkbar machte. Es wurde im Gegenteil eine bessere Auslastung erzielt als im Normalluftverkehr.

Aus der Kritik zur Annahme 3 geht hervor, daß das eigentliche Feld des Schnellflugzeugs große Kontinentalstrecken sind, die erst durch seinen Einsatz für den Luftverkehr eine besondere Bedeutung gewinnen. Wenn diese Strecken auch vielleicht bis jetzt etappenweise mit Normalflugzeugen beflogen werden, so stellt dies nur eine behelfsmäßige Lösung dar, da der Hauptvorteil des Luftverkehrs, seine Geschwindigkeit, dabei nur ungenügend ausgenutzt wird und der Anreiz zur Benutzung des Luftwegs daher ziemlich gering ist. Erst das Schnellflugzeug eröffnet hier neue Verkehrsmöglichkeiten und gibt dem Verkehr auf diesen Strecken neuen Auftrieb. Voraussetzung hierbei ist allerdings, daß während des Flugs so viel Komfort und Bequemlichkeit geboten wird, daß der Reisende ohne größere Strapazen auch eine längere ununterbrochene Flugzeit durchhalten kann. Ist dies nicht der Fall, so wird er wohl in vielen, wenn nicht den meisten Fällen, auf das zwar schnellere, aber unbequeme und anstrengende Transportmittel verzichten.

Auch für den Nahverkehr bieten sich beim Einsatz von Schnellflugzeugen wieder neue Entwicklungsmöglichkeiten. Für den Nahverkehr kommen solche Flugverbindungen in Frage, die es ermöglichen, zum Abschluß oder zur Erledigung von Geschäften irgendwo hinzufliegen und nach Erledigung der Angelegenheiten durch Benutzen der Nahverbindung am selben Tage abends wieder im Heimatort zu sein[1]). Hier vergrößert das Schnellflugzeug infolge seiner geringeren Flugzeit entweder die Zeitspanne, die am Zielhafen zur Erledigung der Geschäfte zur Verfügung steht, oder bringt weiter entfernt liegende Flughäfen in die Reichweite des Nahverkehrs.

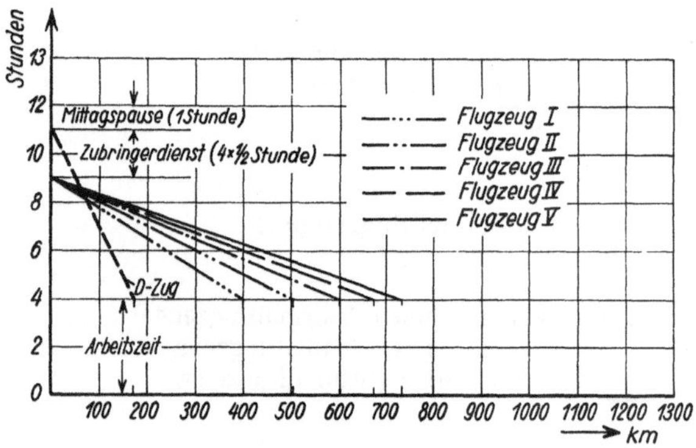

Abb. 15. Höchstentfernungen im Nahverkehr in Abhängigkeit von der Reisegeschwindigkeit des Transportmittels

Die mögliche Höchstentfernung beim Nahverkehr ist gegeben durch die Rückkehrmöglichkeit am selben Tage. Die Kleinstentfernung wird durch den Wettbewerb mit der Eisenbahn bestimmt.

Die bei den verschiedenen Transportmitteln: D-Zug, Normalflugzeug und Schnellflugzeug möglichen Entfernungen im Nahverkehr wurden graphisch ermittelt. Es wurde am Zielhafen eine einstündige Mittags- oder Erholungspause neben der eigentlichen Arbeitszeit vorgesehen und davon ausgegangen, daß im ganzen 12 Stunden Zeit zur Verfügung stehen. Von der insgesamt zur Verfügung stehenden Zeit ist beim Luftverkehr noch die für den Zubringerdienst aufzuwendende Zeit in Abzug zu bringen, die zu je

[1]) Pirath, „Die Grundlagen der Verkehrswirtschaft". Berlin 1934.

30 Minuten angenommen wurde. Da der Zubringerdienst viermal in Anspruch genommen wird, zweimal im Heimathafen und zweimal im Zielhafen, sind außer der Mittagspause beim Luftverkehr noch insgesamt 2 Stunden als Totzeit abzuziehen.

Beim Eisenbahnverkehr fallen die Zubringerzeiten weg, es ist jedoch beim Vergleich der beiden Verkehrsmittel zu beachten, daß die Eisenbahnstrecke etwa 20% länger als die Flugstrecke ist. Die durchschnittliche D-Zugs-Reisegeschwindigkeit wurde zu 60 km/h angenommen, während beim Luftverkehr die mittlere Fluggeschwindigkeit der im vorigen Abschnitt untersuchten Flugzeuge I—V (160—290 km/h) zugrunde gelegt wurde.

In der graphischen Darstellung Abb. 15 kann man bei den Kennlinien der verschiedenen Transportmittel immer aus dem entsprechenden Ordinaten- und Abszissenpaar die zur Verfügung stehende Arbeitszeit am Zielhafen in Abhängigkeit von seiner Entfernung in der Luftlinie ablesen.

Bei einer angenommenen Arbeitszeit von 4 Stunden und einer Mittagspause von 1 Stunde ergeben sich die in nachstehender Tabelle zusammengestellten Höchstentfernungen.

Tabelle 14. **Höchstentfernungen im Nahverkehr bei angenommener 4stündiger Arbeitszeit am Zielhafen**

Transportmittel	Mittlere Reisegeschwindigkeit km/h	Entfernung in der Luftlinie km
1	2	3
D-Zug	60	170
Flugzeug I	160	400
Flugzeug II	200	500
Flugzeug III	240	600
Flugzeug IV	270	670
Flugzeug V	290	730

Die praktische Reichweite im Nahverkehr wächst also bei Einsatz von Schnellflugzeugen von 400 km auf 700 km. Allerdings wird man in der Praxis einen Nahverkehr über diese Entfernungen kaum aufziehen, sondern die durch das Schnellflugzeug erreichte Zeitersparnis zum Teil zur Vergrößerung der Arbeitszeit verwenden.

Wenn man wahrscheinlich auch später beim Einsatz schnellerer Flugzeuge auf manche Nahverkehrslinie aus wirtschaftlichen Erwägungen heraus wird verzichten müssen, so wird man andererseits bestrebt sein, den Schnellflugplan so zu gestalten, daß die Ankunfts- und Abflugzeiten der großen Durchgangslinien dieselben auch für Nahverkehrszwecke geeignet machen.

Die hohe Geschwindigkeit des Schnellflugzeugs bietet auch vom rein betriebstechnischen Standpunkt aus große Vorteile. Gewitter können besser umflogen werden, und man hat bei Festsetzung der Ankunfts- und Abflugzeiten mehr Spielraum. Außerdem kann der Flugplan unabhängiger vom Wind aufgestellt werden, denn je größer die Geschwindigkeit eines Flugzeugs ist, um so geringer werden die Verzögerungen durch Gegenwind.

Tabelle 15. **Einfluß von Gegenwind auf die Flugzeit in Abhängigkeit von der Geschwindigkeit des Flugzeugs**

		Flugzeug I	Flugzeug V
Mittlere Fluggeschwindigkeit	km/h	160	290
Gegenwind	km/h	30	30
Geschwindigkeit über Grund	km/h	130	260
Geschwindigkeitsverzögerung	%	18,7	10,3
Flugzeitverlängerung	%	23,0	11,5

Wenn man annimmt, ein Flugzeug hätte auf einer Strecke von 150 km einen Gegenwind von 30 km/h, so würde die durch diesen Gegenwind bedingte Verlängerung der Flugzeit bei dem Normalflugzeug I (160 km/h mittlere Fluggeschwindigkeit) ungefähr 13 Minuten, bei dem Schnellflugzeug V (290 km/h mittlere Fluggeschwindigkeit) nur etwa 4 Minuten betragen.

Was den Nachtflug anlangt, so ist hier das Schnellflugzeug dem Normalflugzeug absolut gleichwertig. Wahrscheinlich erfährt der Nachtflug durch den Schnellverkehr eine starke Belebung, denn man wird bestrebt sein, auf großen Kontinentalstrecken die Schnellflugzeuge auch bei Nacht fliegen zu lassen, um ihre hohe Geschwindigkeit ganz ausnutzen zu können. In Amerika wurde dies schon von den „United Air Lines" und der TWA, Inc. auf den Strecken New York—San Francisco und New York—Los Angeles verwirklicht.

Der Einsatz von Schnellflugzeugen auf Nachtstrecken bringt noch den Vorteil mit sich, daß man dieselben sparsamer befeuern kann. Bei gleicher zeitlicher Aufeinanderfolge der Leuchtfeuer kann man wegen der höheren Fluggeschwindigkeit ihre Abstände voneinander größer machen. Dies kann um so unbedenklicher geschehen, als Abweichungen vom Kurs durch etwaigen Seitenwind wegen der hohen Eigengeschwindigkeiten viel geringer sind als bei Normalflugzeugen.

Abgesehen vom reinen Nachtflugbetrieb können jedoch beim Einsatz von Schnellflugzeugen manche kürzere Nachtflugstrecken überhaupt eingestellt werden, da sie infolge der geringeren Flugzeiten eventuell noch bei Tage mit genügend günstigen Ankunfts- bzw. Abflugzeiten beflogen werden können.

IV. Kritik und Untersuchung der Betriebsergebnisse der ersten Luftschnellverkehrsstrecke in Europa („Swissair"-Express)

In Europa wurde der Gedanke eines Luftschnellverkehrs zuerst von der Schweizerischen Luftverkehrsgesellschaft „Swissair" verwirklicht, die am 1. Mai 1932 die erste europäische Schnellverkehrslinie auf der Strecke Zürich—München—Wien einrichtete. Die Untersuchung der betrieblichen und wirtschaftlichen Ergebnisse dieser „Expreßlinie" wird dadurch besonders interessant und aufschlußreich, daß die gleiche Strecke von der Deutschen Lufthansa und Österreichischen Luftverkehrs-A.-G. gemeinsam mit Normalflugzeugen beflogen wird und so gute Vergleichsmöglichkeiten gegeben sind.

Die Einrichtung der Expreßlinie der „Swissair" wurde vom Schweizerischen Postministerium angeregt. Seine Wünsche dürften auch für die Wahl der Strecke bestimmend gewesen sein.

Tabelle 16. **Flugplan der „Swissair"-Expreßlinie**

1932 ↓	1932 ↑		1933 ↓	1933 ↑
		Genf	7.45	19.35
		Zürich	8.45	18.30
9.10	16.10	Zürich	9.00	18.05
10.10	15.05	München	10.05	17.00
10.20	14.55	München	10.15	15.50
11.40	13.15	Wien	11.50	15.10

Der Expreßdienst bringt für die Post den Vorteil mit sich, daß Briefe, die in der Schweiz bis abends aufgegeben werden, noch am nächsten Tage in Wien ausgetragen werden können, was sonst erst am übernächsten Tage möglich war. Bei Aufstellung des Flugplans mußten zwei Bedingungen erfüllt werden:

1. Start von Zürich erst nach Aufnahme der Post aus Genf, Bern und Basel.
2. Übergangsmöglichkeit der Post in Wien auf die D.L.H.-Strecke nach Budapest—Belgrad—Sofia (D.L.H. Kurs 17).

Bei der Betrachtung des Flugplans fällt zunächst auf, daß die mittlere Fluggeschwindigkeit auf der Strecke Zürich—Wien größer ist als umgekehrt (Tabelle 17). Dies hat seinen Grund darin, daß auf der Strecke meistens Westwinde vorherrschen. Die flugplanmäßige Geschwindigkeit ist 1933 gegenüber 1932 auf dem Kurs Zürich—Wien um 10—20% herabgesetzt und der Start in Zürich vorverlegt worden. Der Grund hierfür ist nicht in einem anfänglichen Überschätzen der Leistungsfähigkeit des Flugzeugmaterials zu suchen, sondern wahrscheinlich darin, daß man die Möglichkeit haben will, auf der Strecke Zeit aufzuholen, wenn ein Start durch verspätet aufgelieferte Post oder andere Umstände verzögert wird.

Tabelle 17. **Flugzeiten und Fluggeschwindigkeiten der „Swissair"-Expreßlinie**

Flugzeit (min)			Strecke	km	Mittlere Fluggeschwindigkeit (km/h)		
Normal[1]) 1933	Expreß 1933	Expreß 1932			Expreß 1932	Expreß 1933	Normal 1933
	60		Genf—Zürich	220		220	
90	65	60	Zürich—München	242	242	223	161
150	95	80	München—Wien	368	276	232	147
160	100	100	Wien—München	368	221	221	138
90	65	65	München—Zürich	242	223	223	161
	65		Zürich—Genf	220		203	

Für den Expreßdienst werden zwei Lockheed „Orion" verwendet, von denen immer eine Maschine die ganze Strecke hin und zurückfliegt. Ursprünglich waren beide Maschinen in Zürich stationiert. Dies erwies sich aber als sehr unvorteilhaft, da der Gegenkurs immer ausfallen mußte, wenn eine Etappe nicht oder nur stark verspätet beflogen werden konnte. Die Reservemaschine wurde daher in Wien stationiert, so daß der Gegenkurs von der vollständigen und pünktlichen Durchführung des Hinflugs unabhängig wurde. Was die wirtschaftliche Seite des Unternehmens anlangt, so waren zunächst bei der Eröffnung im Mai 1932 die Beförderungspreise die gleichen wie auf dem Parallelkurs der Deutschen Lufthansa. Der Andrang war jedoch so groß, daß die Maschine meistens ausverkauft war und viele Passagiere zurückgewiesen werden mußten. Ab 1. Juni 1932 wurde daher auf der Etappe Zürich—München ein Zuschlag von 8 RM. erhoben, ohne daß dieses der Nachfrage irgendwelchen Abbruch getan hätte.

Trotzdem bei dem Parallelkurs der Deutschen Lufthansa, der mit dreimotorigen Maschinen beflogen wird, das Platzangebot über doppelt so groß und der Flugpreis etwa 7,5% niedriger war, konnte der Expreßdienst im Jahre 1932 41% der insgesamt beförderten Personen für sich buchen. Dies ist ein Zeichen dafür, daß auch in Europa weite Kreise der Luftreisenden großes Interesse an einer Beschleunigung des Luftverkehrs haben und auch bereit sind, für diesen Vorteil erhöhte Flugpreise zu zahlen. Im Jahre 1933 wurde auch auf der Strecke München—Wien ein Zuschlag von 8 RM. erhoben, so daß der Schnellverkehr auf der Strecke Zürich—Wien um 16 RM. oder 15,5% teurer ist als der Normalflugverkehr.

Tabelle 18. **Entwicklung der Beförderungspreise und Tarife auf der „Swissair"-Expreßlinie**

Jahr	Strecke	Personen			Gepäck			Fracht-(Expreß) Zuschlag
		Expreß-dienst RM.	Normal-dienst RM.	Zuschlag %	Expreß-dienst RM./kg	Normal-dienst RM./kg	Zuschlag %	%
1932	Zürich—München	56,00[2])	48,00	16,6	0,55	0,50	10,0	—
	München—Wien	55,00	55,00	—	0,55	0,55	—	—
1933	Genf—Zürich	32,80	—	—	0,33	—	—	20—30
	Zürich—München	56,00	48,00	16,6	0,55	0,50	10,0	
	München—Wien	63,00	55,00	14,5	0,65	0,35	18,2	

Tabelle 18 zeigt die Entwicklung der Beförderungspreise und Tarife auf der „Swissair"-Expreßlinie. Aus der Preisgestaltung ist zu ersehen, daß die schnellere Beförderungsmöglichkeit dem Publikum einen derartigen Anreiz gab, daß es der „Swissair" möglich war, im Jahre 1933 die

Flugpreise . . . . um etwa 15,5%
Beförderungspreise für Gepäck um 10—18%
Frachtsätze . . . . um 20—30%

zu erhöhen.

Um einen Überblick zu bekommen und beurteilen zu können, ob der Flugplan wirtschaftlich angelegt und die hohe Geschwindigkeit der Schnellflugzeuge auch vollkommen ausgenutzt wird, ist

[1]) Mit Halt in Salzburg.

[2]) Vor dem 1. Juni 1932 betrug der Beförderungspreis 48 RM., ab 1. Juni 1932 wurden 8 RM. Zuschlag erhoben.

es erforderlich, den Anteil der toten Zeiten für Zwischenaufenthalte und Zubringerdienst an der gesamten Reisezeit zu untersuchen (Tabelle 19).

Tabelle 19. **Verkehrsgeschwindigkeiten und Zeitgewinn auf der „Swissair"-Expreßlinie Zürich—München—Wien**

	Expreßdienst 1933		Normaldienst 1933	
	Wien—Zürich	Zürich—Wien	Wien—Zürich	Zürich—Wien
Flugstrecke . . . . km	610	610	628[1])	628[1])
Reine Flugdauer . . . . min	165	160	250	240
Mittlere Fluggeschwindigkeit . . . . km/h	222	229	151	157
Reisezeit (A) von Anfangs- bis Endflugplatz . min	175	170	305	265
Reisedauer von Stadtzentrum zu Stadtzentrum min	250	245	380	340
Mittlere Reisegeschwindigkeit . . . . km/h	147	150	99	111
Anzahl der Zwischenhalte	1	1	2	2
Aufenthaltsdauer auf den Zwischenlandeplätzen min	10	10	65	35
Anteil der Zwischenhaltezeiten an der Reisezeit (A) %	5,7	5,9	21,3	13,2
Zeitdauer des Zubringerdienstes an Anfangs- und Endflughafen . . . . min	75	75	75	75
Anteil der Zwischenhaltezeiten und des Zubringerdienstes an der Reisedauer von Stadtzentrum zu Stadtzentrum . . . . %	34,0	34,7	36,8	32,4
Schnellste Eisenbahnverbindung . . . . min	862	862	862	862
Zeitgewinn des Luftverkehrs gegenüber der schnellsten Eisenbahnverbindung . . . . %	71,0	71,7	56,0	60,5

Es zeigt sich, daß durch starke Beschränkung der Aufenthaltszeit auf dem Zwischenlandeplatz und Ausfall eines Zwischenhalts der Anteil der Aufenthaltsdauer an der gesamten Reisezeit stark gesenkt worden ist. Der Anteil beträgt nur 5,8% oder 10 Minuten gegenüber 13—21% oder 30 bis 65 Minuten beim Normalkurs der gleichen Strecke. Dieses Ergebnis ist günstig, und weitere Einsparungen werden hier wohl kaum möglich sein.

Betrachtet man dagegen die für den Zubringerdienst aufzuwendende Zeit, die 75 Minuten oder 44% der reinen Flugzeit beträgt, so zeigt sich, wo noch verbessert werden kann.

Durch den Zubringerdienst und den Zwischenhalt sinkt die flugplanmäßige Geschwindigkeit von 225 km/h auf 147 km/h. Es muß erreicht werden, daß die für den Zubringerdienst erforderliche Zeit stark verringert wird, was sich durch Einsatz mittelschwerer schneller Zubringerautos, schnellste Abfertigung und Verkürzung der Wartezeiten ermöglichen läßt.

Tabelle 20. **Beförderungspreise auf der Strecke Zürich—Wien**

	Expreßdienst	Normaldienst	D-Zug I. Klasse	D-Zug II. Klasse
Zürich—Wien . . RM.	119,00	103,00	108,00	75,00

Tabelle 21. **Zeitgewinn auf der Strecke Zürich—Wien bei Benutzung des „Swissair"-Expreßdienstes**

	Wien—Zürich min	Zürich—Wien min
Reine Flugzeit des Expreßdienstes	165	160
Gesamtreisedauer des Expreßdienstes von Stadtzentrum zu Stadtzentrum . .	250	245
Zeitgewinn bei Benutzung des Expreßdienstes		
gegenüber dem Normalflugdienst	130	95
gegenüber der schnellsten Eisenbahnverbindung	612	617

Ohne eine Verringerung der toten Zeiten geht ein großer Teil der hohen Geschwindigkeit der Schnellflugzeuge wieder verloren, und die Kosten des Zeitgewinns werden unverhältnismäßig hoch. Was beim Expreßdienst gegenüber dem Normalflugdienst und der Eisenbahn die Stunde Zeitersparnis kostet, zeigt Tabelle 22.

[1]) Die Streckenführung beim Normalflugdienst geht über Salzburg.

Tabelle 22. **Kosten der Zeitersparnis gegenüber anderen Verkehrsmitteln bei Benutzung des „Swissair"-Expreßdienstes**

	RM./h
Kosten der Zeitersparnis bei Benutzung des Expreßdienstes	
gegenüber Normalflugdienst	9,50
gegenüber D-Zug, I. Klasse	1,08
gegenüber D-Zug, II. Klasse	4,30

Der Expreßdienst bringt auf der Strecke Zürich—Wien gegenüber der schnellsten Eisenbahnverbindung eine Zeitersparnis von etwa 10 Stunden mit sich. Auch der Normalflugdienst ermöglicht gegenüber der Eisenbahn eine große Zeitersparnis, was sich daraus erklärt, daß die Strecke längs der Alpen verläuft und die Bahn daher gezwungen ist, größere Umwege zu machen und in dem gebirgigen Gelände keine hohen Geschwindigkeiten herausholen kann. Es wird also dem reisenden Publikum ein starker Anreiz zur Benutzung des Flugzeugs geboten. Gegenüber dem Normalflugdienst bringt der Expreßdienst eine Zeitersparnis von $1^1/_2$—2 Stunden. Die Kosten dieser Zeitersparnis belaufen sich infolge des „Expreßzuschlags" auf 9,50 RM. je Stunde. Der Preis ist zwar hoch, aber nicht übertrieben, und wie die Praxis zeigt, ist einem sehr großen Teil der Flugreisenden dieser Zeitgewinn so wertvoll, daß der Aufschlag ohne weiteres bezahlt wird. Hinzu kommt noch, daß die Züricher Abflugszeiten gegenüber dem Hansa-Kurs sehr günstig liegen und ein Geschäftsmann, der morgens um 9 Uhr in Zürich wegfliegt, in München 6 Stunden Zeit hat, seine Geschäfte zu erledigen und am Abend wieder in Zürich sein kann. Auch für die Strecke München—Wien liegt der Expreßdienst schon rein flugplanmäßig betrachtet viel besser als der D.L.H.-Kurs. Auf dem Gegenkurs Zürich—Wien dagegen kann der D.L.H.-Kurs wegen seiner frühen Abflugszeit in Wien unter Umständen vorteilhafter sein.

Die beim Expreßdienst eingesetzten Lockheed „Orion" haben sich als sehr betriebssichere Flugzeuge erwiesen. Was jedoch die Bequemlichkeit und Unterbringung der Passagiere betrifft, so muß unbedingt Kritik an ihnen geübt werden. Die Kabine ist für 4 Passagiere eingerichtet, hat dabei aber nur einen Rauminhalt von 2,0 m³, also nur 0,5 m³ je Person. Die Sitzbreite je Person beträgt dabei nur 0,40—0,50 m! Wenn man auch immer der Geschwindigkeitssteigerung weitgehende Konzessionen machen wird, ein gewisses Maß an Bequemlichkeit für die Passagiere muß doch erhalten bleiben, selbst wenn sich die starke Beschränkung wie z. B. auf dem „Swissair"-Kurs infolge der verhältnismäßig kleinen Streckenlänge und der kurzen Flugzeiten nicht so unangenehm bemerkbar macht.

Tabelle 23. **Regelmäßigkeit in der Durchführung des Flugplans der „Swissair"-Expreßlinie im Jahr 1933[1])**

Strecke und Gesellschaft	Flugplanmäßige Etappen	Vollendete Etappen	Regelmäßigkeit[2]) %	Mit weniger als 30 min Verspätung vollendete Etappen	Regelmäßigkeit[3]) %
1	2	3	4	5	6
Expreßdienst der „Swissair" Zürich—München—Wien	632	619	97,8	570	90,1
Kurs der Deutschen Lufthansa Zürich—München . .	316	316	100,0	265	83,9
Durchschnitt der eigenen und fremden Linien der Schweiz	6860	6792	99,0	6227	90,7

Was die wirtschaftliche Ausnutzung des Expreßdienstes anlangt, so zeigt Tabelle 24 die Werte für den Expreßdienst im Vergleich mit der D.L.H.-Etappe Zürich—München und den gesamten durch die Schweiz gehenden Luftlinien für den Zeitraum von Mai bis Oktober 1933.

Die Zahlen für die Ausnutzung von Linie I und III sind nicht absolut richtig und haben nur Vergleichswert, da die Werte in den Spalten 2, 3, 5, 6 und 7 durch Etappenzählung ermittelt wurden.

[1]) Die Werte sind der „Saisonstatistik des Internationalen Luftverkehrs der Schweiz" (1. Mai bis 31. Oktober 1933) entnommen.

[2]) Die Werte wurden aus dem Verhältnis der Werte von Spalte 3 zu Spalte 2 ermittelt.

[3]) Die Werte wurden aus dem Verhältnis der Werte von Spalte 5 zu Spalte 2 ermittelt.

Tabelle 24. **Ausnutzung der verfügbaren Tonnage bei den verschiedenen Fluglinien in der Schweiz (1. Mai bis 31. Oktober 1933)**

	Zahl der angebotenen Plätze[1])	Zahlende Passagiere (Etappen)	Ausnutzung der angebotenen Plätze %	Angebotene Tonnage 1000 kg	Ausgenutzte Tonnage durch Passagiere 1000 kg	Anteil der Tonnage (Sp. 6) an der gesamten angebotenen Tonnage %	Ausgenutzte Tonnage durch Post, Übergepäck und Fracht 1000 kg	Anteil der Tonnage (Sp. 8) an der gesamten angebotenen Tonnage %	Gesamtausnutzung der angebotenen Tonnage %
1	2	3	4	5	6	7	8	9	10
I. Expreßdienst . . .	2528	1720	68,1	241,0	137,5	57,1	15,2	6,3	63,4
II. D.L.H.-Etappe Zürich—München .	2618	1295	49,5	316,9	103,5	32,7	9,6	3,0	35,7
III. Gesamte eigene und fremde Linien der Schweiz	65292	28225	43,2	7291655	2260,0	31,0	543,9	7,5	38,5

Die errechneten Werte für die Auslastung wären nur dann absolut richtig, wenn alle Etappen gleich lang sind; dies ist jedoch nicht der Fall. Da aber alle Werte auf die gleiche Weise ermittelt sind, bietet sich doch eine ziemlich verläßliche Vergleichsmöglichkeit.

Es zeigt sich, daß die Auslastung des Schnellverkehrs eine außerordentlich gute ist und weit über dem allgemeinen Durchschnitt liegt. Neben den betrieblichen Vorteilen ist dies eine Folge der günstigen Flugplangestaltung und einer glücklichen Anpassung der angebotenen Verkehrsleistung an die Nachfrage.

Da die untersuchte Betriebsperiode das zweite Jahr des Bestehens der „Swissair"-Expreßlinie umfaßt, ist nicht anzunehmen, daß die ermittelten Werte durch den Reiz der Neuheit des Schnellverkehrs verfälscht worden sind. Im Gegenteil wurden gegenüber dem Eröffnungsjahr 1932, wo dies zum Teil der Fall gewesen sein mag, die gleichen günstigen Ergebnisse erreicht, so daß ein Rückgang des Verkehrsaufkommens nicht zu befürchten sein dürfte.

Was die betriebliche Ausnutzung der eingesetzten Schnellflugzeuge anlangt, so beträgt diese etwa 90000 km je Flugzeug und Jahr, also etwa das Anderthalbfache bis Doppelte des im Normalverkehr erreichten Durchschnitts.

Die Praxis bestätigt hier die theoretischen Überlegungen des vorhergehenden Abschnitts, bei denen für eine Strecke ähnlich der „Swissair"-Expreßlinie eine Einsparmöglichkeit am Flugzeugpark von 33% bzw. eine mögliche bessere Ausnutzung der Schnellflugzeuge von 50% nachgewiesen wurde.

Nach den vorhergehenden Untersuchungen dürften bei einer solchen Erhöhung der Ausnutzung die Gesamtkosten des Schnellverkehrs diejenigen des Normalverkehrs unterschreiten, so daß in diesem Fall der Beweis einer Verbesserung der Wirtschaftlichkeit durch den Luftschnellverkehr erbracht wäre.

Es ist naturgemäß notwendig, für andere Luftverkehrsstrecken zur Feststellung der Wirtschaftlichkeit des Luftschnellverkehrs besondere Untersuchungen anzustellen, die methodisch nach den Ausführungen des Abschnitts III und IV durchzuführen wären. Jede Luftverkehrsstrecke hat ihre besondere Eigenart hinsichtlich der Verkehrsbedürfnisse und der Beziehungen zum übrigen Luftverkehrsnetz und damit eine besondere Charakteristik für die Vor- und Nachteile des Schnellverkehrs.

V. Zusammenfassung

Um gegenüber den anderen Verkehrsmitteln wettbewerbsfähig zu bleiben, ist der Luftverkehr gezwungen, seine Geschwindigkeit bedeutend zu erhöhen. Es galt zu untersuchen, wie sich eine solche Geschwindigkeitssteigerung technisch, betrieblich und wirtschaftlich auswirkt.

Die technischen Voraussetzungen für einen Luftschnellverkehr sind gegeben, und es kann bei den modernen Schnellflugzeugen der gleiche Komfort und die gleiche Sicherheit geboten werden, wie bei den heute im normalen Luftverkehr verwendeten Flugzeugtypen.

[1]) Sitzzahl × Etappen. — Sämtliche Werte sind der „Saisonstatistik des Internationalen Luftverkehrs der Schweiz" entnommen. Sie sind durch Etappenzählung ermittelt.

Eine vergleichende Untersuchung der Betriebskosten von Flugzeugbaumustern verschiedener Höchstgeschwindigkeit ergab ein starkes Anwachsen der Kosten mit der Erhöhung der Geschwindigkeit.

Der Einsatz von Schnellflugzeugen bringt jedoch im Kontinental- und Transkontinentalverkehr große betriebliche Vorteile mit sich, die es unter gewissen Voraussetzungen gestatten, Einsparungen am Flugzeugpark vorzunehmen und durch bessere Ausnutzung der Maschinen die Kosten des Schnellverkehrs an die des Normalluftverkehrs anzugleichen. Darüber hinaus werden durch die im Schnellverkehr gebotenen kürzeren Reisezeiten mehr Verkehrsbedürfnisse mobilisiert werden als im langsameren Normalluftverkehr.

Der Luftschnellverkehr ist dazu berufen, die verkehrlichen Vorteile und die Überlegenheit des Luftfahrzeugs gegenüber den anderen Verkehrsmitteln voll zur Geltung zu bringen und den Luftverkehr auf eine breitere Basis zu stellen.

Literaturübersicht für beide Abhandlungen

Bücher

Aircraft Yearbook 1930—1933. Herausgegeben von der Aeronautical Chamber of Commerce of America Inc. New York.

Annual Reports of N. A. C. A. Herausgegeben vom National Advisory Committee for Aeronautics. Washington D. C. 1932.

Aviaticus, Jahrbuch der Deutschen Luftfahrt 1931. Berlin.

Blum-Pirath, Lebensfragen der Deutschen Luftfahrt. Stuttgart 1928.

Hirschauer-Dollfus, L'Année Aéronautique 1931—1932. Paris 1932.

W. Immler, Flugzeugnavigation. München 1934.

Issler-Dollfus, Der dritte Weg. Zürich 1933.

Jacobshagen, Die Selbstkosten im Luftverkehr. Forschungsergebnisse des Verkehrswissenschaftlichen Instituts für Luftfahrt an der Technischen Hochschule Stuttgart, Heft 3. München 1930.

Jahrbuch des Deutschen Luftfahrt-Verbands 1930 und 1931. Berlin.

Jahrbuch der Deutschen Versuchsanstalt für Luftfahrt. Berlin 1930—1932.

Kamm, Einfluß der Reichsautobahnen auf die Gestaltung der Kraftfahrzeuge. Automobiltechnische Zeitschrift, Heft 13. Stuttgart 1934.

Langsdorff, Fortschritte der Luftfahrt 1929/30. Frankfurt.

— Jahrbuch der Luftfahrt 1931/32. München.

— Taschenbuch der Luftflotten 1931. München.

Luftverkehr über dem Ozean. Herausgegeben vom Institut für Meereskunde zu Berlin. Berlin 1934.

v. Mises, Fluglehre. Berlin 1933.

Pirath, Forschungsergebnisse des Verkehrswissenschaftlichen Instituts für Luftfahrt an der Technischen Hochschule Stuttgart:

— Die Luftfahrt und die Verkehrsprobleme der Gegenwart. Heft 1. München 1929.

— Verkehrsströme im Luftverkehr. Heft 1. München 1929.

— Die Gestaltung des Weltluftverkehrsnetzes nach wirtschaftlichen und betriebstechnischen Gesichtspunkten. Heft 2. München 1930.

— Der Stand der Luftverkehrswirtschaft. Heft 3. München 1930.

— Die vom Standpunkt des Verkehrs an den Bau von Flugzeugen zu stellenden Forderungen. Heft 3. München 1930.

— Luftverkehrspolitik und Stand des Weltluftverkehrs. Heft 4. München 1931.

— Die Luftfahrt-Wirtschaft der Vereinigten Staaten von Amerika. Heft 4. München 1931.

— Die Hochstraßen des Weltluftverkehrs. Heft 5. München 1932.

— Der Schnellverkehr in der Luft in seiner Auswirkung auf den Schnellverkehr der übrigen Verkehrsmittel. Verkehrstechnische Woche, Heft 44. Berlin 1933.

— Die Grundlagen der Verkehrswirtschaft. Berlin 1934.

Petzel, Die Flugsicherung im europäischen Luftverkehr. Forschungsergebnisse des Verkehrswissenschaftlichen Instituts für Luftfahrt an der Technischen Hochschule Stuttgart, Heft 6. München 1933.

Rößger, Die Flugsicherung in den Vereinigten Staaten von Amerika. Forschungsergebnisse des Verkehrswissenschaftlichen Instituts für Luftfahrt an der Technischen Hochschule Stuttgart, Heft 6. München 1933.

The Care and Maintenance of Aircraft. Airways Publications London 1930.

Zeitschriften

Jahrgänge 1930 bis 1934

Aero Digest, New York.

Air Commerce Bulletin, Washington.

Aircraft Engineering, London.

Airports and Airlines, Washington.

Airway Age, East Stroudsbourg, Pa.

Airways and Airports, London.

Aviation, New York.

Aviation Guide, Chicago.

Bulletin de Renseignements, Paris.

Flight, London.

Flug, Wien.
Flugkapitän, Berlin.
Fokker Bulletin, Amsterdam.
Interavia, Internationale Luftfahrt-Korrespondenz, Genf.
L'Aéronautique, Paris.
L'Aérophile, Paris.
L'Indicateur Aérien, Paris.
Luftfahrzeugbau und Luftfahrt, Berlin.
Luftschau, Berlin.
Luftwacht, Berlin.
Luftwissen, Berlin.
Nachrichten für Luftfahrer, Berlin.
Reichsluftkursbuch, Berlin.
Rivista Aeronautica, Rom.
S. A. E. Journal, New York.
Schweizer Aero-Revue, Zürich.
The Aeroplane, London.
Traffic World, Chicago.
Transactions of the American Society of Mechanical Engineers (Aeronautical Engineering), New York.
V. D. I.-Zeitschrift, Berlin.
Verkehrstechnische Woche, Berlin.
Western Flying, Los Angeles.
Zeitschrift für Flugtechnik und Motorluftschiffahrt (ZFM), München.
Zeitschrift für Flugwesen, Prag.

Wir bitten um Beachtung der folgenden Seite!